台北旗艦店
台北創始店
三民路
新中街
民生東路五段
台北忠孝店
光復南路
忠孝東路四段
捷運國父紀念館站
台中五權旗艦店
捷運南屯站
文心路一段
五權西路二段
大墩路
台北旗艦店
台北市民生東路五段119號
02 2766 7859
台北創始店
台北市民生東路五段143號
02 2766 5838
台北忠孝店
台北市忠孝東路四段335號
02 2775 2158
台中五權旗艦店
台中市五權西路二段222號
04 2475 3868

Chapter1 時計簡史

Chapter2 時計概論

Chapter3 外部組件

目錄 CONTENTS

目錄 CONTENTS

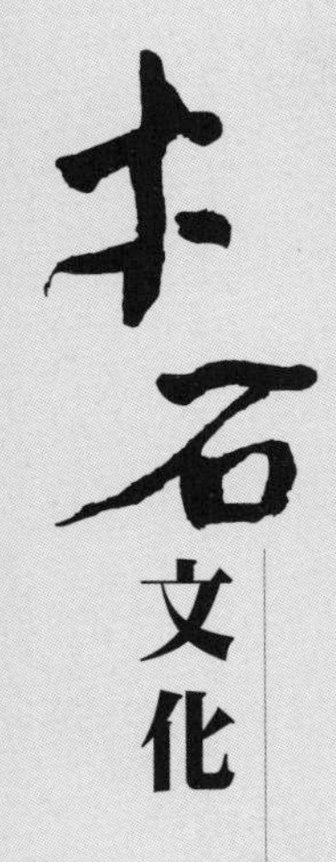

時間觀念叢書

鐘錶專有名詞實用辭典

中英法德對照版

發 行 人—周凱旋
出版發行—木石文化股份有限公司
台北市松山區南京東路3段303巷6弄9號2樓
電話◎02-2719-8970
劃撥帳號◎18766105
出版統籌—祁船梅
總 編 輯—郭峻彰
副總編輯—李鈴德
主　　編—張玉姍
美術統籌—彭玉如
美術設計—吳麗鳳
印務發行—陳昱丞
出版日期—2025年1月 首刷

國家圖書館出版品預行編目 (CIP) 資料

鐘錶專有名詞實用辭典 = Horology dictionary / 郭峻彰總編輯 . -- 第一版 . -- 臺北市 : 木石文化股份有限公司 , 2025.01

面 ;18×26 公分 . --（時間觀念叢書 ; 3）
中英法德對照版
ISBN 978-986-06349-7-6（平裝）

1.CST: 鐘錶 2.CST: 詞典

471.2041　　113010652

讀者服務傳真專線◎02-2719-8960

Print in Taiwan

本書訂價◎新台幣680 元

木石文化網址：www.woodstone-online.com
TIME SQUARE FACEBOOK：www.facebook.com/TSonline

THE QUEST FOR PRECISION
CHRONOMÈTRE FB 1RES.4
One-second remontoire combined with fusee-chain transmission displaying deadbeat seconds. 44 mm octagonal case in ceramised titanium. 50-hour power reserve.
ferdinandberthoud.ch
FERDINAND
1753
BERTHOUD
Maison
Swiss Prestige
歲鑠時計光廊 02 2700 8927

Publisher's Note

三十不惑

現在的人不習慣說三十而立了，也許是因為成熟得早，很多二十歲就已經獨立，三十，差不多提前進入「不惑」了吧！

自1995年木石文化推出華人世界第一本專業鐘錶雜誌《時間觀念》以來，轉眼間已經三十年，在這段時間裡，我們感受到來自世界各地讀者的熱情支持與鼓勵，為了回饋大家的厚愛，今年已經進入不惑階段的我們，決定將廣受好評的鐘錶辭典進行全面升級，作為創社三十年的獻禮。

此次再版的《鐘錶專有名詞實用辭典》，其實歷經了多次改版。鐘錶專有名詞中的辭條從10週年時薄薄的別冊、到20週年時成為「中英」雙語對照版本的叢書、之後加入法文升級為三語對照。今年適逢30週年，特別再增加德文並更新最新資訊推出全新的「中英法德」四語對照版本，相信對於想要深入了解鐘錶的讀者而言，應該能夠達到釋疑解惑的作用。

而關於這本書的製作，除了本社的現任編輯團隊：郭大、小布、Ova、船梅、志峰、Henry、萱佶、西林之外，還要特別感謝兩位翻譯顧問，分別是Andy Fu在法語、以及Lukas在德語翻譯上給予我們的專業意見與指導，使得這本鐘錶辭典成為現今業界唯一一本收錄「中英法德」四語的鐘錶專有名詞的中文權威著作。非常期待能藉此進一步提升本社在國際鐘錶文化領域的影響力；在此也要感謝歷年來曾任職於本社，並在內容上參與過辭典工作的編輯（肇恆、小鞠、小山……）和特約外稿作者黃嘉竹教授、曾士昕老師及多位資深鐘錶維修師傅等人為此書所做出的貢獻。

另外，還有一個好消息想和大家分享，此次不僅同步出版了台灣繁體中文版、大陸簡體中文版及亞太繁體中文版，同時亞太版的發行由澳門鐘錶協會及澳門鐘錶博物館的督辦，發行區域涵蓋澳門、香港、新加坡及馬來西亞，以感謝全球華文讀者（錶友）多年來的支持與厚愛，也期使更多年輕人能夠享受到這本辭典所帶來的豐富專業知識與鐘錶文化內涵，從而促進更多不同領域的錶友與讀者之間的交流。

錶海無涯，感謝大家一路以來的肯定，期待未來繼續一同悠遊學習，共同探索鐘錶世界的無限魅力。

發行人

2025.01

Chapter 1
時計簡史

在研究學習一門專業知識之前，如果能先對其有個整體、結構性的認識，就可以此為基礎逐步深入瞭解，收到事半功倍之效。誠所謂「歷史可以斷經緯」，因此在本書的第一章，希望讀者利用簡短的鐘錶發展歷史作為研習鐘錶知識的基礎，再結合本書數量龐大的鐘錶專業名詞以及詳盡解釋，跟著我們一起進入鐘錶殿堂。

本章分為兩個小節，先從 16 世紀初的懷錶歷史展開，接著來到 20 世紀初期，即第二節的腕錶歷史，兩小節串接起長達將近五百年的時間軸線，讓我們循著時間線，欣賞各種時計如何承載著時間，遨遊於傳統和現代，並展現機械與藝術的美感。

江詩丹頓Les Cabinotiers閣樓工匠
The Berkley超卓複雜功能懷錶。

百達翡麗Cubitus系列5822P-001 瞬跳大日期、星期及月相腕錶。

1-1
懷錶篇

從一顆蛋型錶談起，時空背景是 16 世紀初期的德國南部紐倫堡地區，一名鎖匠以巧手打開懷錶的歷史大門。接著引領我們悠遊四百年時間，歷經各種款式、尺寸大小與形狀改變；然後動力和擒縱裝置逐漸成型，甚至發展到極為精確穩定；外型同樣歷經許多製作、加工與結構等方面的變化演進。最後在第一次世界大戰之後，受到時間洪流無情淘汰，由腕錶接棒，翻開下一頁腕錶的歷史。

世界上最早的便攜式錶紐倫堡蛋。

所謂的「錶」，大約是在 1530 年代，從圓柱形發條座鐘演變而來的。降低座鐘厚度並加上一個用來保護錶盤的鐵罩或鐵蓋，就成了一只錶。德國紐倫堡工匠 Peter Henlein 所製成的蛋形錶（暱稱為 Nuremberg Egg，即紐倫堡蛋），被公認是鐘錶史上的第一只錶。另外，因為從圓柱形座鐘演變而來，早期錶多數採用類似鼓的造型，所以又被稱為鼓錶（Drum watch）。這一時期的錶，精確度通常以小時計算，所以實用功能很低。為彌補這一缺點，大約從 1570 年代開始，製錶師便賦予錶多樣化的造型和各種裝飾，讓它們如稀世珍寶般在重要場合引人矚目，這也導致後來有各種造型錶、指環錶（Ring watch）、襟錶（Fob watch）出現。

姿態萬千 絢麗登場

除了形狀以外，顏色更是這個時期的重點。大約從 17 世紀初開始，琺瑯彩繪錶就已躍上鐘錶舞台，並且盆形錶殼（Bassine-cased）的流行讓琺瑯彩繪工藝從錶盤擴及錶殼、錶蓋，於是琺瑯之美得以充分發揮。同一時期，英格蘭國王查理二世設計出有口袋的背心後，為了讓錶可以放進小口袋，工匠們開始製作較扁平且裝有鍊條的錶，並加上鏡面，讓時間顯示更為清楚，此時懷錶隆重登場，並開始撰寫數百年的鐘錶發展史。

人們在懷錶時期逐漸重視錶的實用性，但當時所使用的擺錘機軸式擒縱沒辦法穩定地控制發條動力，導致錶的誤差以小時計。為改善這個問題，工匠們研製了芝麻鍊（Fusée-Chain）動力裝置，從動力部分著手提升精準度。接著在 1675 年，擒縱機構有了重大變革，荷蘭數學家、天文學家兼物理學家 Christiaan Huygens 利用游絲讓擺輪得以更穩定且自然地振盪擺動，加上芝麻鍊有效控制動力穩定輸出，兩者為鐘錶精準度帶來了長足進步，將原本一天數小時的誤差降低至一天十幾分鐘。在游絲問世的同時，鐘錶功能也出現重大發明，那是英國製錶師 Daniel Quare 在 1675 年成功製作出的兩問錶，這也是首枚問錶，至於現代人們熟知的三問錶，

1. 約製於1770年代的指環錶，錶盤直徑18毫米，18K金材質鑲鑽錶殼。
2. 約製於1810年的雙管手槍造型錶，扣下扳機後原本隱藏在槍管的機械鳥會從槍口彈出，優雅旋轉飛舞並且響起悅耳的鳥鳴聲。

1

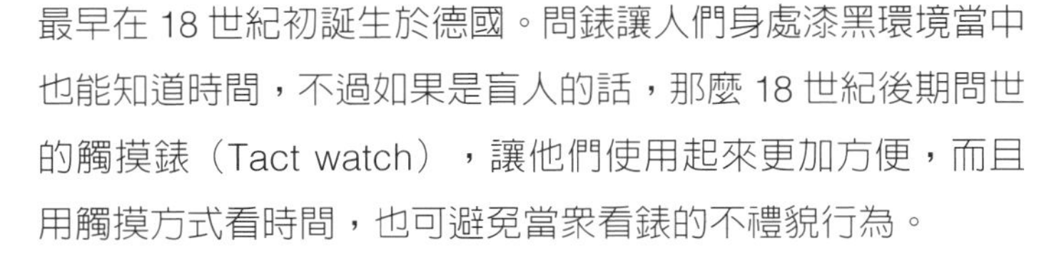

最早在 18 世紀初誕生於德國。問錶讓人們身處漆黑環境當中也能知道時間，不過如果是盲人的話，那麼 18 世紀後期問世的觸摸錶（Tact watch），讓他們使用起來更加方便，而且用觸摸方式看時間，也可避免當眾看錶的不禮貌行為。

精準度提高 外形設計改變

由於精準度大幅提升，原本的單指針懷錶已不符合需求，因此大約在 17 世紀後期，分針開始出現在錶盤上。精確度提升之後，連帶引起另一股實用設計風潮的出現，於是 1690 年代洋蔥錶（Oignon watch）問世。首先出於實用性考慮，洋蔥錶外觀都很樸素，不會有過多裝飾雕琢；其次，它以堅固耐用的圓頂式玻璃蓋以及錶殼包覆，因形似洋蔥而得名。最後，這類錶都搭載冠輪擒縱（verge escapement），所以錶徑都比較大。雖然精準度已經從「小時」進化到以「分鐘」為單位，但鐘錶匠並未因此滿足，在接下來的一段時期仍不斷研發出各式設計以提高精準度。其中第一要務就是改善擒縱系統，工字輪擒縱（cylinder escapement） 與雙聯式擒縱 （duplex escapement）等裝置，都是這個背景下的產物，但其中最重要的設計當屬英國製錶師 Thomas Mudge 在 1759 年推出的槓桿式擒縱 （lever escapement）。槓桿式擒縱讓擺輪在每個振盪週期中都可充分轉動，進而維持穩定頻率，後來演變為瑞士槓桿式擒縱，成為機械錶最主流的擒縱裝置。

2

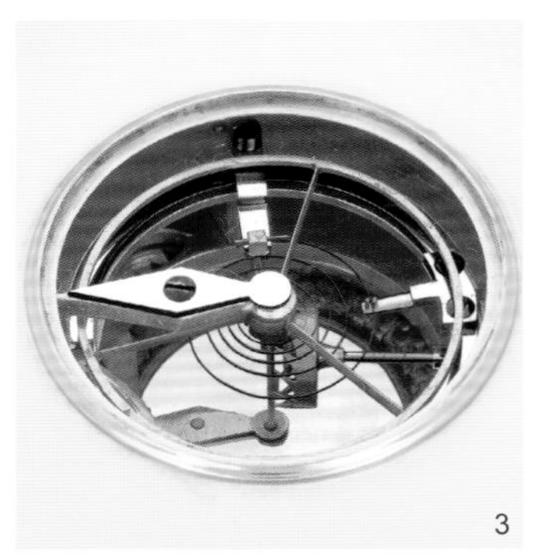

3

1. 早期的芝麻鍊動力裝置，藉由圓錐形寶塔輪，將發條動力均勻輸出，因此該裝置又稱「均力圓錐輪」。
2. 巴黎製錶大師Guinand於1800年製作的冠輪擒縱裝置懷錶。
3. 從錶背小圓窗可欣賞獨特精密的冠輪擒縱裝置，18K金錶殼，日曆功能。
4. 倫敦製錶師Justin Vulliamy製於1780年的工字輪擒縱裝置懷錶，22K金錶殼，鎏金機芯。

4

重金立木 精準度大躍進

18 世紀初正值大航海時代，航海家們多以出發地跟目的地的時間差推算經度，以便導引船隻航向。但擺輪和游絲到了搖晃不止的海船上毫無用武之地，導致船上的時計準確度不高。而一旦誤判航向，通常會造成巨額損失。這促使英國國會在 1714 年 7 月 8 日通過《經度法案》，重金懸賞能在海上精確測量經度的方法。鐘錶匠 John Harrison 為此製作出一款航海鐘 H1，以平衡彈簧取代鐘擺，實測表現獲得官方肯定，進而得到經費繼續研發。Harrison 一路研發，終於在 1761 年完成了 H4 航海鐘，加入自己設計的蚱蜢式擒縱（grasshopper escapement），H4 實際運作實現了超越《經度法案》要求的標準，達到計算經度僅 0.02 度的微小誤差，Harrison 因此也拿到高達兩萬英鎊的獎金。H4 後來由 James Cook 帶著一路航行至大洋洲與南極洲，成為標定經度的最佳工具。

英國鐘錶大師John Harrison為了挑戰經度法案所打造的第一個作品H1航海鐘。

寶璣大師做出重大貢獻

當時的歐洲，正值啓蒙時代的最高峰時期，鐘錶發展持續在提升精確度方面努力精進，例如許多用於航海天文台時計（Marine Chronometer）的新技術，也被延伸應用到了鐘錶製作上；還有採用雙金屬補償擺輪，利用金屬膨脹係數不同的特性，補償溫度變化造成的誤差；也有製錶師選擇採納航海鐘的裝置來提升精度。但是對現代腕錶具有最重大影響的發明，還是以 1780 年代由製錶大師 Abraham-Louis Perrelet 以及法國皇家御用製錶師 Abraham-Louis Breguet，即製錶之父寶璣大師。他們相繼研發而成的自動上鍊裝置，後者還在 1795 年首度提出擒縱裝置陀飛輪（Tourbillon）。除了技術發明以外，寶璣工坊歷經 44 年才完成的 No.160 Marie Antoinette 瑪麗安東尼復刻懷錶，更是錶壇最富傳奇色彩的動人故事。發展至此，機械錶內部機芯結構已大致成形，在萬事俱備的情況之下，錶的銷售也開始跨越歐洲疆界，向東輸往大清王朝的皇室貴族，中國成為 18 世紀末最重要的鐘錶市場之一。

Abraham-Louis Perrelet於1777年製成的自動上鍊懷錶，也是鐘錶史上第一個自動錶。

從鑰匙到錶冠的演變

時光繼續飛逝至 19 世紀初，因為宗教改革以及法國大革命等因素，製錶勢力版圖漸漸從英國、法國移到瑞士，而技術方面的變革則在上鍊方式。在此之前，各種錶如果上鍊也就是要將發條轉緊，都必須拿個類似鑰匙的上鍊柄，從錶盤上插孔進去轉動發條，這是所謂的鑰匙上鍊方式。但如此一來濕氣、灰塵就很容易從鑰匙孔侵入錶內，損壞內部機芯。另外，鑰匙容易遺失也是個令人頭痛的問題。所以大約從 1810 年代最初十年開始，就有多位製錶師致力開發免用鑰匙上鍊系統，以現今通用的撥針系統（setting mechanism）或稱錶冠調校裝置取代。

瑞士製錶師Edward Robert Theurer製於1840年的超薄錶，利用倒裝機芯的方式使得厚度僅5毫米，半鏤空面盤可欣賞到發條盒、傳動輪系跟擒縱裝置…等，都位在錶面這一側。

這其中最知名的一位是 Jean Adrien Philippe，他也是百達翡麗兩位創辦人之一。Philippe 的調校系統在 1842 年設計完成，並隨即在 1844 年巴黎世界博覽會上贏得金獎，隔年取得專利。與此同時，約在 1820 年代，市場上開始對超薄錶產生大量需求，瑞士製錶師 Philippe Samuel Meylan 研發出工字輪擒縱的 Bangolet 倒裝機芯，其厚度僅僅 1.18 毫米，創下當時他人難以超越的纖薄紀錄。

百達翡麗兩位創辦人之一的Jean Adrien Philippe。

由簡至繁 複雜功能發揚光大

經歷過超薄錶「簡單」的洗禮，接下來大約在 19 世紀中葉開始反向往「複雜」發展。當時正是工業革命影響最劇烈的時期，「時間」的內涵也被熱烈探討著。所以，「錶」這個用來具體表現時間的主要工具，被認為不該只單純地顯示時、分與秒而已，而是應該有許多功能組合起來。再加上「複雜」在製錶業來說是非常正面的字眼，於是複雜功能錶便開始流行起來。

同樣源自工業革命，在相同時期發生的鐵路運輸正在全球飛速成長，而用來調度安排火車的精密時計需求量大增，於是「鐵路錶」成為精準耐用的代名詞。

1854年，蒂芙尼與百達翡麗達成合作夥伴關係，並在日內瓦開設了製錶工坊。這款兩問懷錶刻有兩家公司的品牌創始人名稱。

在 19 世紀末，歷史上首度出現以硫酸鈣製作塗料的螢光錶，但這種在黑暗環境中指針跟刻度能夠發光的錶款，在當時並不流行，直到第一次世界大戰時期才受到重視。所以直到 1910 年代，錶鏡上加裝窗格式防護蓋的螢光錶，成為士兵們的重要配備。只是當時的螢光劑以放射性物質「鐳」製成，現在已全面改用無放射性的安全材料。

製於1940年，勞力士提供給英國軍方的軍用懷錶，黑色瓷面搭配螢光刻度與指針，鎳銀錶殼直徑50毫米。

最複雜懷錶 譜寫最終曲

一方面是因為第一次世界大戰帶來的啓示，另一方面是生活習慣改變所導致，大約在 1930 年代，懷錶的歷史已經確定走入尾聲。但是這一段歷史的終結並不令人感到沮喪，因為緊接著展開的腕錶年代，正以無比蓬勃的朝氣令人心生嚮往。但最重要的是 1933 年堪稱最複雜、最傳奇、最有價值的 Henry Graves 的超級複雜錶問世。1925 年出身美國紐約的金融業鉅子 Henry Graves Jr. 委託百達翡麗製造一枚超級複雜錶，正反面相加起來總共多達 24 種複雜功能，於 1933 年交付，成為當時全球最複雜錶款，正好為懷錶歷史畫上完美句點。

1882年愛彼製作的首枚大複雜功能時計，具有萬年曆、雙秒追針計時和三問報時功能。

1925年，百達翡麗受紐約一位傑出的銀行家Henry Graves Jr.委託製造一枚世界上最複雜的錶，集三問報時、計時、西敏寺鐘聲、萬年曆、月相、恆星時、動力儲備顯示、紐約日出日落等24項複雜功能於一身，最終於1933年完成。

這枚百達翡麗編號198310陀飛輪懷錶，曾在1930年拿到天文台競爭首獎，在1931年被Henry Graves二世納入收藏。

日內瓦G. Raymond & Fils錶廠於1820年製作的倒裝機芯懷錶，18K金錶殼，厚度僅2.38毫米，使用鑰匙上鍊系統。

Bagnolet Bagnolet
Bagnolet 倒裝機芯

又稱為反置機芯，顧名思義就是將機芯反面置放，是一種機芯薄型化的方法。瑞士製錶師 Philippe Samuel Meylan 研發出工字輪擒縱的倒裝機芯 Bagnolet，因為直接將發條盒、傳動輪系、擒縱機構置於錶盤，機芯主夾板則放在錶背，如此一來就可直接從二輪和三輪驅動時、分指針，減少中介齒輪等零件，將厚度壓縮到只有 1.18 毫米，創下當時他人難以超越的纖薄記錄。

1655年在巴黎製作的盆形殼琺瑯彩繪錶，附有錶蓋，彩繪師是Robert Vauquer。

Bassine case Boitier bassine
Fall bassine 盆形錶殼

Bassine case 又稱為 Paris case，大約 1630 年代興起於巴黎的一種錶殼樣式，類似盆狀的圓弧側邊造型，並且通常附有錶蓋。

Christiaan Huygens
Christiaan Huygens
克里斯蒂安·惠更斯

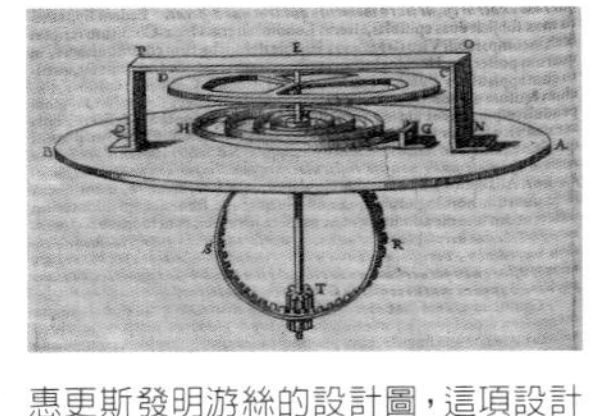
惠更斯發明游絲的設計圖，這項設計可說是後來所有擒縱機構的雛形。

荷蘭數學家、天文學家兼物理學家，也是鐘錶專家。他在 1675 年發明了擒縱裝置裡最重要的組件游絲，對後來鐘錶發展產生重大且長遠影響。

19世紀末由蒂芙尼首席設計師Paulding Farnham設計的蘋果花造型胸針錶。

Figure watch
Montre stylisée
Abbildung-Uhr 造型錶

為彌補準確度不高的缺點，從 1570 年代開始，製錶師便賦予懷錶多樣化造型，讓它們倍受矚目。於是取材自昆蟲、花卉、水果、樂器甚至十字架的錶紛紛出籠，這類錶都稱為造型錶。

Longitude Act Loi sur la longitude Längengrad Gesetz 經度法案

英國國會在 1714 年 7 月 8 日通過該法案，以高額獎金徵求能在海上精確測量經度的實用方法，該方法必須在大不列顛駛向西印度群島的船隻上測試，如果誤差在 1 度以內（時間誤差 4 分鐘）可得獎金一萬英鎊；誤差在 0.75 度以內（時間誤差 3 分鐘）可得獎金一萬五千英鎊；誤差在 0.5 度以內（時間誤差 2 分鐘）可得獎金兩萬英鎊。

John Harrison在1761年完成的H4航海鐘，經過實際測試計算經度時，只有0.02度的微小誤差，John Harrison因而拿到兩萬英鎊獎金。

Marine chronometer Chronomètre marine Marinechronometer 航海天文台時計

一種極為精密的船用時計，俗稱航海鐘，在星相方位輔助下，計算出航行船隻的位置，導引船隻正確航向。航海天文台時計通常搭載衝擊式天文台擒縱，並被安裝在具有水平支架的盒子內，讓鐘體保持在水平位置，確保機芯精確運行。

ULYSSE NARDIN雅典錶製於1876年的航海天文台鐘。

Nuremberg eggs Oeuf de Nuremberg Nürnberger eier 紐倫堡蛋

大約在 1530 年代，由德國紐倫堡當地一名鎖匠彼得·亨萊因製造的錶，它被認為是鐘錶史上第一只錶。

Oignon watch Montre oignon Oignon-Uhr 洋蔥錶

始於 17 世紀末期實用性為主的錶款，因為使用堅固耐用的圓頂式玻璃蓋以及錶殼包覆，形似洋蔥而得名。

Tact watch Montre tactile Tact-Uhr 觸摸錶

藉由直接觸摸指針跟立體時標得知時間的錶款，可供盲人使用，因此亦稱盲人錶。另外，因為當衆看錶是種不禮貌行為，所以用觸摸方式讀取時間也是種技巧性的看錶方式。

寶璣大師於1800年在巴黎的工坊製作，使用獵錶殼的觸摸錶，1801年售予一位法國王子。

1-2
腕錶篇

跟懷錶比起來，腕錶的歷史相對短了許多，尤其再扣除掉早期不成熟的啟蒙階段，實際上大約只有一個世紀的時間而已。但是因為腕錶從懷錶中汲取了許多能量，所以如果細細探究歷史就會發現，無論款式變化、技術革新、材質改良或者創意設計各方面，腕錶歷史的精彩程度絲毫不輸懷錶。緊接著就讓我們從頭細說，以 16 世紀英格蘭女王伊麗莎白一世為開端，從裝飾性女用腕錶談起，再進入到實用性為主的現代腕錶時期，同享腕錶百年風華。

江詩丹頓1993年推出的複雜功能腕錶，具有三問報時、萬年曆與月相盈虧顯示。

史上第一位擁有腕錶者，16世紀時的英格蘭女王伊麗莎白一世。

說起腕錶的起源，百達翡麗、寶璣和卡地亞是多數人最先想到的品牌，但根據歷史記載，其實腕錶早在 16 世紀就已出現。那是英格蘭女王伊麗莎白一世從其臣子兼好友萊斯特伯爵 Robert Dudley 那裡所收到的禮物，那是個可以掛在臂章上的圓形鑽錶。然後大約在 1790 年代日內瓦錶廠 JAQUET DROZ et Leschot（現今 JAQUET DROZ 雅克德羅的前身），曾經在帳本裡記錄著銷售出一枚可以掛在手鍊上的錶。這兩個例子主要在於凸顯早期腕錶的角色，即女用裝飾配件功能遠大於看時間的功能，而且配飾這一角色持續到 20 世紀初才被實用功能超越並變得男女通用。所以這時期的所謂「三件式腕錶」，意味著腕錶採用活動式設計，錶頭可以掛在手鍊或手環上，也可以卸除，當然多數以珍貴材質製作並且鑲上鑽石珠寶，以達到呈現珠光寶氣之目的。

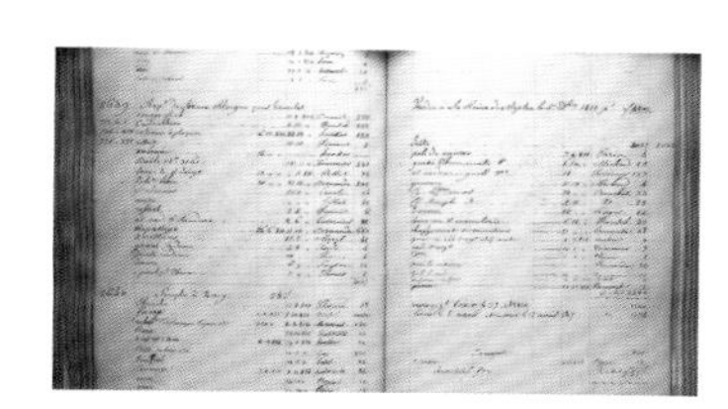
寶璣的歷史文件中，紀錄有1810年6月8日來自那不勒斯王后Caroline Bonaparte委託的訂單紀錄，是一只可以佩戴於手腕的橢圓形手鐲報時腕錶。

腕錶，為裝飾女性而生

腕錶真正浮上檯面大約是 19 世紀初，其中最知名的例子就是寶璣大師按照那不勒斯王后 Caroline Bonaparte 的委託，於 1812 年設計製作完成的一枚橢圓形三問錶，並掛在金線編織的手環上。波蘭籍製錶師 Franciszek Czapek，在還未跟百達翡麗創辦人之一 Antoine Norbert de Patek 合作之前，就擅長製作腕錶，所以後來百達翡麗於 1868 年製作出第一枚瑞士腕錶，可謂順理成章。這枚售予匈牙利伯爵夫人 Koscewicz 的腕錶，採用長方形錶殼搭配長方形機芯，鑲嵌在黃金手鐲上面，上述都是標準的三件式腕錶。如前所述，腕錶的女性配飾角色持續到 20 世紀初，但其實有個特例，德國海軍在 1880 年向 GIRARD-PERREGAUX 芝柏錶廠訂製兩千枚腕錶，這應該是史上首款軍錶，也是最早的實用型腕錶，並且預告了腕錶的實用時代即將來臨。

百達翡麗於1868年售予匈牙利伯爵夫人Koscewicz的第一枚瑞士腕錶，採用長方形錶殼搭配長方形機芯，鑲嵌在黃金手鐲上面。

實用型腕錶首度問世

在 20 世紀之前，女性佩戴腕錶當裝飾，男性用懷錶看時間，幾乎是個不成文的規定。這樣的觀點大約在 1890 年代開始被人質疑，並引發贊成與反對意見的兩派論戰。這一時期發生的事情有：1892 年，愛彼推出鐘錶史上第一枚三問腕錶，1896 年 LONGINES 浪琴幫 BAUME & MERCIER 名士製作女用腕錶，IWC 萬國錶於 1900 年試著用懷錶機芯製作腕錶，OMEGA 歐米茄也在 1902 年開始大量生產女用腕錶。隨後在 1904 年，法國珠寶商 CARTIER 卡地亞傳人之一的製錶師 Louis Cartier，應好友也是知名巴西籍飛行先驅 Alberto Santos-Dumont 的要求，設計出錶殼兩端延伸出錶耳，再用錶帶繫住錶耳的佩戴方式，將錶固定在手腕上。如此一來，Alberto Santos-Dumont 在駕駛飛機時一低頭即可閱讀時間，不用從口袋掏出懷錶，而這枚經常被冠上第一枚腕錶頭銜的 Santos 錶，嚴格來說，是如今實用功能時代的第一枚腕錶。

腕錶質量同步提升

卡地亞 Santos 腕錶的出現，宛如打開禁錮已久的大門，實用型腕錶風起雲湧地開啓了屬於自己的時代。1905 年歐米茄也開始生產男用腕錶，同年 ROLEX 勞力士創辦人 Hans Wilsdorf 也嗅到趨勢來臨，在瑞士採購大批腕錶遠赴倫敦成立公司，準備以英國為出發點向全球推廣腕錶。1906 年卡地亞推出第一款 Tonneau 酒桶形腕錶，1911 年開始量產 Santos 腕錶。

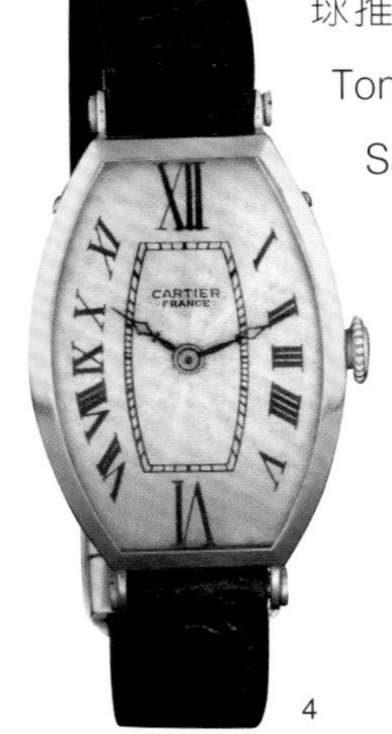

1. 1892年愛彼推出史上第一枚三問腕錶。
2. 巴西籍飛行先驅Alberto Santos-Dumont。
3. 卡地亞於1904年為Alberto Santos-Dumont打造的第一枚實用性能腕錶。
4. 卡地亞於1906年首創酒桶形錶殼，內部搭載圓形機芯。

1908 年，HEUER Watch Co.（TAG HEUER 泰格豪雅的前身）錶廠推出一款腕錶、項鍊錶、懷錶三用的款式。1910 年，勞力士腕錶在瑞士拿到第一張天文台證書，這也是製錶史上第一枚天文台腕錶；接著在 1914 年，勞力士腕錶在英國格林尼治 Kew 天文台拿到 A 級精確證書，這個等級過去只有航海精密時計才能拿到，自此勞力士腕錶等同於精準時計的聲譽便不脛而走。對腕錶懷抱著壯志雄心的 Hans Wilsdorf，解決了精準度問題，接著於 1926 年推出了首款能防水、防塵的蠔式（Oyster）錶殼，並在隔年由英國游泳名將 Mercedes Gleitze 佩戴蠔式腕錶成功橫渡英倫海峽。在解決了堅固耐用度的問題後，勞力士做好了在腕錶領域發光發熱的準備。

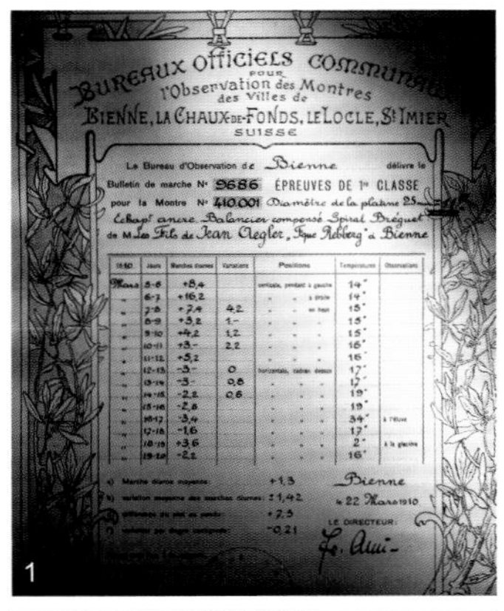

BUREAUX OFFICIELS COMMUNAUX
POUR
l'Observation des Montres
des Villes de
BIENNE, LA CHAUX-DE-FONDS, LE LOCLE, St IMIER
SUISSE

Le Bureau d'Observation de Bienne délivre le
Bulletin de marche N° 9686 ÉPREUVES DE 1re CLASSE
pour la Montre N° 410.001 Diamètre de la platine 25 mm
Échapt ancre Balancier composé Spiral Bréguet
de Mrs Les Fils de Jean Aegler, Fque Rebberg à Bienne

1910	Jours	Marches diurnes	Variations	Positions	Températures	Observations
Mars	5-6	+8,4		verticale, pendant à gauche	14°	
„	6-7	+16,2		„ „ à droite	14°	
„	7-8	+7,4	4,2	„ „ en haut	15°	
„	8-9	+3,2	1.-	„ „ „	15°	
„	9-10	+4,2	1,2	„ „ „	15°	
„	10-11	+3.-	2,2	„ „ „	16°	
„	11-12	+5,2		„ „ „	16°	
„	12-13	-3.-	0	horizontale, cadran dessus	17°	
„	13-14	-3.-	0,8	„ „ „	17°	
„	14-15	-2,2	0,6	„ „ „	19°	
„	15-16	-2,8		„ „ „	19°	
„	16-17	-3,4		„ „ „	34°	à l'étuve
„	17-18	-1,6		„ „ „	17°	
„	18-19	+3,6		„ „ „	2°	à la glacière
„	19-20	-2,1		„ „ „	16°	

a) Marche diurne moyenne: +1,3
b) variation moyenne des marches diurnes: ±1,42
c) différence du plat au pendu: +7,5
d) variation par degré centigrade: -0,21

Bienne le 22 Mars 1910
LE DIRECTEUR:
Ls. Aui-

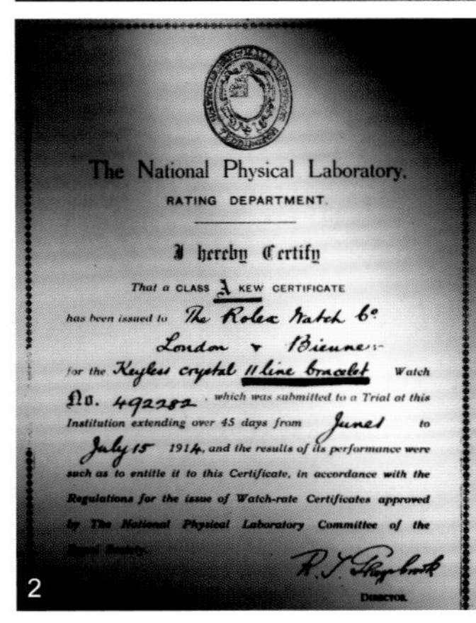

The National Physical Laboratory.
RATING DEPARTMENT.

I hereby Certify
That a CLASS A KEW CERTIFICATE
has been issued to The Rolex Watch Co
London & Bienne:-
for the Keyless crystal 11 line bracelet Watch
No. 492282, which was submitted to a Trial at this Institution extending over 45 days from June 1 to July 15 1914, and the results of its performance were such as to entitle it to this Certificate, in accordance with the Regulations for the issue of Watch-rate Certificates approved by The National Physical Laboratory Committee of the Royal Society.

R. T. Glazebrook
DIRECTOR.

1. 勞力士腕錶於1910年在瑞士拿到腕錶界第一張天文台證書。
2. 1914年，勞力士腕錶在英國格林威治Kew天文台拿到A級精確證書。

一次大戰促成腕錶大眾化

直到 1920 年代末之前，市場上仍是懷錶當道，多數人仍無法接受男人佩戴腕錶的行為，從百達翡麗於 1916 年首度推出五分問腕錶，竟是為女性打造，當時社會氛圍由此可見一斑。真正促使社會大眾認同男人也可以佩戴腕錶的看法，進而開闢出大眾市場，要歸結於 1914 年發生的第一次世界大戰。戰場上，地面部隊必須依賴腕錶以精確同步進行戰事；戰機飛行員也跟 Alberto Santos-Dumont 碰到同樣問題，對腕錶有高度需求，這一切促使英國陸軍在 1917 年開始，發放腕錶到戰鬥部隊，成為軍事配備。

於是當 1918 年底士兵們凱旋歸國時，幾乎是人手一枚腕錶，腕錶不再是奢侈品或者女人專利，其風潮已經勢不可擋。1930 年曾有個研究機構調查指出，當時市面上所銷售的腕錶和懷錶比率，已經達到 50：1 的地步，由此可見一戰之深遠影響。第一次世界大戰之後，腕錶朝著三個主要方向發展，分別是造型、計時功能和自動上鍊裝置。

百達翡麗於1916年推出首枚打簧報時腕錶，是一枚鍊帶款五分問女錶。

裝飾藝術帶來深遠影響

方形腕錶的問世首先要歸功於裝飾藝術運動 (Art Deco)

1

2

1. 卡地亞於1917年從戰場上的法國坦克獲得靈感製出Tank腕錶，堪稱首枚裝飾藝術風格腕錶。
2. 萬國錶以Josef Pallweber的設計所製作的數字顯示懷錶。
3. 勞力士Perpetual movement恆動機芯，以專利360度旋轉恆動擺陀，加上高效率上鍊能力，為自動上鍊機芯樹立製作標竿。

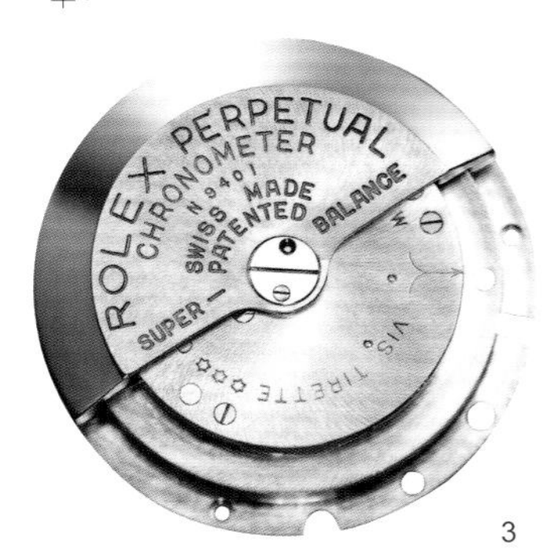

3

的興起，其中最知名的是卡地亞 Tank 腕錶。這款錶在 1917 年由 Louis Cartier 從西線戰場上的雷諾坦克（Renault tanks）得到靈感，並將第一枚原型錶贈與勝利大功臣——美軍統帥 John Joseph Pershing 將軍。卡地亞在 1918 年開始製作這款錶，1922 年開發出 Tank Louis 錶款，連帶促使愛彼（AUDEMARS PIGUET）、江詩丹頓（VACHERON CONSTANTIN）以及積家（JAEGER-LECOULTRE）等知名錶廠投入方形錶製作。

方形錶的興起，還很有趣地帶動起數字錶流行，但它可不是電子式或液晶顯示，而是種被暱稱為 Cortébert watch 的道地機械錶。此錶的主要特徵是小時跟分鐘都採用數字盤顯示，所以錶盤上沒有指針，只有兩個窗口用數字顯示時間。該機制於 1880 年前後由製錶師 Josef Pallweber 研製成功，並且提供給萬國錶用以製作懷錶。因為上、下兩個窗口的編排實在太適合方形錶了，於是 Pallweber 授權給 Cortébert 錶廠製作機芯，但簡化為只有跳時，分、秒都用圓盤轉動，方形跳時錶於是成為潮流。

自動上鍊系統誕生

自動錶雖然早在 1780 年代就出現於懷錶之上，但第一款自動腕錶卻直到 1923 年才在英國製錶師 John Harwood 手中誕生，並於隔年取得瑞士專利。John Harwood 的設計類似於後來的撞錘式自動上鍊，自動盤並非 360 度旋轉，而是大約 300 度角活動，因結構太過精細難以量產，而且上鍊效率不高，該設計的貢獻只是提供一個有用的思考方向。其次，Harwood 為提升錶殼防塵防水能力，捨去錶冠改用錶圈上鍊跟調校時間，這也讓人使用起來甚感不便。

在諸多因素的影響下，雖然 FORTIS 和寶珀（BLANCPAIN）相繼投入生產，Harwood 的公司仍然很快地在 1931 年結束營業。所幸勞力士接手 Harwood 的設計，經過改良的 Perpetual movement 恆動機芯在同年問世，以專利 360 度旋轉的恆動擺陀，加上高效率上鍊能力，為後來的自動錶樹立製作標竿。

計時功能因戰事而起

計時功能腕錶的出現，大概與第一次世界大戰以及飛行員脫離不了關係，後來在體育運動賽事中漸漸風行，並將這類腕錶推至頂峰地位。專長於航空計時器的百年靈（BREITLING），自然在這段歷史中舉足輕重。

1915 年百年靈創製出第一枚具備中央計時秒針以及 30 分鐘累積盤的計時腕錶，1923 年首度將計時按鍵獨立出來並獲得專利，1934 年第三代傳人 Willy Breitling 為腕錶加上第二個歸零獨立按鍵，成為現代計時腕錶的基本樣貌。

4 5

早在 1910 年就推出計時腕錶，浪琴也是這類錶款先驅之一，尤其 1936 年問世的第一個飛返計時功能（Flyback）機芯 13ZH，以及 1947 年發表的 30CH 機芯，為浪琴樹立起崇高地位。還有百達翡麗也有建樹，1923 年編號 124824 腕錶，是第一枚雙秒追針計時碼錶，2005 年面世定價超過一千五百萬台幣的 Ref. 5959，就以這枚腕錶為藍本製作。

6

保護鏡面裝置出現

戰爭和運動賽事除了促使計時腕錶流行以外，也讓如何防止錶盤破碎成為重要議題。早期皆取材自獵錶，在腕錶上加個保護蓋或者窗格式錶蓋解決這一問題，但這樣看時間總是不太方便。所以在藍寶石水晶材質出現之前，有些極具創意的發明出現。

首先是 1926 年卡地亞申請專利的 Cabriolet system 翻轉系統，它利用一個支架將錶殼抬起後，藉由固定的中軸翻轉，打造出 Basculante 翻轉腕錶。1930 年代江詩丹頓以百葉窗的概念，設計出以一個按鍵控制錶面扇葉開合動作達到保護作用的錶款，並且直接以 Jalousie 命名。1931 年因為馬球運動的需求，積家設計出知名的 Reverso 翻轉錶殼，至今仍是品牌代表作，也是上述發明中最知名的例子。後來強化玻璃與藍寶石水晶材質問世，這類做法便戛然而止。

4. 百年靈率先創造出2點鐘位置設有獨立按鈕的計時碼錶，計時按鈕從錶冠獨立出來，使計時功能更易於使用，也有助於避免出錯。
5. 浪琴於1940年代製作，第一枚飛返計時腕錶。
6. 百達翡麗製於1923年編號124824腕錶，是首枚雙秒追針計時腕錶。
7. 製於1930年代的卡地亞Basculante翻轉腕錶，18K金錶殼搭配酒桶型手動上鍊機芯。

7

飛行錶風起雲湧

1925 年 10 月，兩位瑞士人申請了一種可防水、防塵的旋入式錶冠專利，後來把該專利賣給勞力士，促成 1926 年勞力士蠔式錶殼問世，同時揭開了腕錶上天下海應付各種環境以及專業用途之序幕。1920 年代初期，一位美國空軍軍官，構思出一種 Hour angle 時角腕錶，利用格林威治子午線與太陽的夾角，計算飛機位置的經度，既簡單又實用。包括萬國、積家、江詩丹頓與百達翡麗等錶廠，當時都投入製作這種錶款，但其中最知名的是浪琴林白（Lindbergh）飛行錶。這款錶採用了 1927 年首次飛越大西洋的 Charles Lindbergh 設計的專利飛行尺規，佩戴起來專業感十足。

1

相對於民用飛行錶重視功能，軍用錶則要求視讀性、精準與堅固性能，萬國錶於 1936 年推出大型飛行員腕錶 52 T.S.C. 就是一例。這款軍用飛行錶不僅有著天文台錶的精準度，符合當時導航精密腕錶的技術規格，並按照軍事要求規格設計，所以至今萬國錶飛行員系列錶款依然是品牌主力。還有寶璣大師的後裔 Louis-Charles Breguet，也曾在飛機製造業佔有一席之地，他的產品曾經在第一次世界大戰中有過重大貢獻，後來公司被法國知名的達梭（Dassault）公司併購才告中止。因為這段因緣際會，寶璣在 1950 年代為法國海軍空戰部隊研製出 Type XX 飛行錶，該錶依據飛行搜索需求打造，直到現在仍然廣受喜愛。

1. 勞力士蠔式腕錶於1926年問世，這也是史上第一款防水腕錶。
2. 萬國錶製於1940年提供給德國空軍的Ref.431 B UHR飛行錶，精鋼材質，錶徑達55毫米。
3. 浪琴製於1931年的林白飛行錶，精鋼材質錶殼，內置Cal.12L機芯。
4. 寶璣於1950年代為法國軍方研製了Type XX錶款，這款 Ancienne Type XX 4100 具有飛返功能。

2

3

4

潛水錶深度挑戰

聊過天上飛的，接著來看看水底游的潛水錶的競爭。勞力士的蠔式錶殼在 1926 年問世，雖然有橫渡英倫海峽的壯舉，但它畢竟只是一般防水而已，還算不上潛水錶殼。對此，歐米茄迅速在 1932 年推出一款 Marine 腕錶予以回擊，該錶獨特地以雙層抽屜式錶殼提高防水能力。1936 年美國探險家 William Beebe 佩戴該錶下潛至約 73 米深度，證明 Marine 腕錶堪稱第一枚潛水錶。隨後 1948 年歐米茄標誌性錶款 Seamaster 問世，該錶具備 30 米防水性能，而防水深度 100 米的 Seamaster 300 卻遲至 1957 年才出現，在防水深度 100 米的競賽賽道上被勞力士領先四年。1953 年勞力士發表潛水錶界宗師級錶款 Submariner，成為首款防水深度達 100 米的潛水錶，其旋轉錶圈搭配大型螢光刻度及指針，可方便潛水員讀取下潛時間。同時期，寶珀則以法國精英潛水部隊成立者 Bob Maloubier 的設計為藍本，推出防水約 91.5 米的 Fifty Fathoms 五十噚潛水錶。

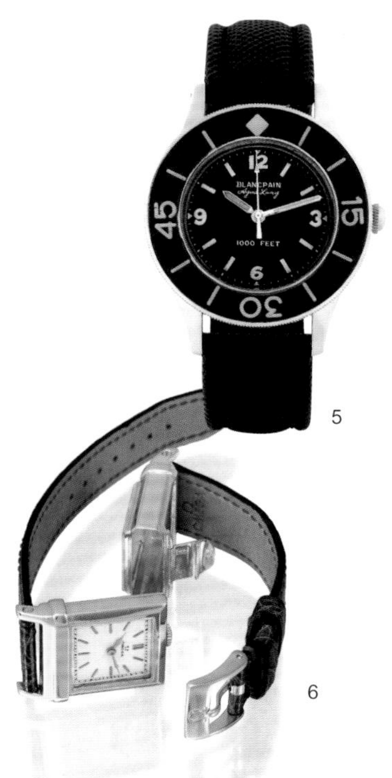

帶著腕錶去旅行

1940 年代度過經濟大蕭條時期後，全球經濟復甦，加上飛行器的普及，能夠指示各地不同時區的腕錶應運而生。日內瓦製錶師 Louis Cottier，早在民用國際航線剛開展時，就設計出使用方便、操作簡單的世界時區功能，而且該設計很快便引起百達翡麗、勞力士、江詩丹頓與卡地亞等多家錶廠的興趣，並製成各式懷錶或腕錶上市，這其中和 Louis Cottier 配合最密切的是百達翡麗。百達翡麗從 1937 年開始推出世界時區錶，錶盤上以 24 小時盤搭配 24 個時區的城市名稱，有些款式的中央還以珐瑯彩繪地圖點綴，是非常成功的腕錶創作，因此某些早期錶款經常是拍賣場的明星商品。另外，勞力士考慮到飛行機師的需求，在 1955 年首創雙時區腕錶 GMT-Master，這款錶一經問世就成為若干航空公司，包括著名的美國泛美航空公司的指定錶款，其矚目特色為 24 小時刻度的雙色調錶圈，搭配中央第二時區指針，讓操作簡便且讀取時間更為方便。

5. 寶珀最早期的五十噚腕錶製於1960年代。
6. 歐米茄Marine腕錶，製於1934年，18K金錶殼搭載Cal.19-4鍍銠機芯。
7. 百達翡麗早期的世界時區腕錶，製於1940年型號Ref. 1415-1HU。
8. 勞力士首枚GMT-Master雙時區腕錶，24小時刻度的雙色調錶圈非常引人注目。

太空競賽 實力比拼

專業腕錶的競爭不局限於民航與軍用航空，在 1960 年代美、蘇兩強的太空競賽中，腕錶同樣佔據了重要的位置。其中最知名的當屬歐米茄超霸錶（Speedmaster），它其實並非專為太空探險所開發，而是為了車迷以及賽車手追逐速度感所設計。1964 年，NASA 美國太空總署為執行「登月計劃」向多家製錶商提出所需的錶款規格與報價，結果只得到四家的回復。NASA 對這些品牌的錶款進行了一連串嚴格測試，三枚歐米茄的超霸錶從中脫穎而出，順利過關，正式參與從 1965 年開始的太空飛行任務，並被冠以超霸專業登月錶（Speedmaster Professional）之名。

超霸錶不僅是登月錶，還有很多的傳奇故事和傳奇錶款。1970 年 4 月 17 日，執行「阿波羅計劃」中第三次登月任務的「阿波羅 13 號」飛船，在距離地球 20 萬英里的太空遭遇意外被迫返航，生死交關之際有賴歐米茄超霸計時錶的 14 秒精準計時，令太空人們精準完成一系列軌道糾正，使飛船安全重返地球。這一傳奇功勳使 NASA 隨後向歐米茄頒發「史努比獎」（Silver snoopy Award）作為表彰。超霸錶會雀屏中選的原因之一，是它內置高素質手上鍊機芯 Cal.321（後來改為 Cal.861 跟 Cal.1861）。至今，超霸一直是歐米茄最熱銷的錶款之一。

1. 為應對極端嚴苛的環境，NASA在徵選登月錶時，實施了近乎摧毀腕錶的測試過程。
2. 歐米茄超霸錶在1965年通過NASA嚴格測試，成為第一枚太空人配備腕錶。
3. 1970年NASA為表彰歐米茄對整個阿波羅計劃的貢獻，向歐米茄頒發了「史努比獎」。2015年歐米茄發佈超霸系列阿波羅13號史努比獎限量版腕錶。

令人措手不及的石英風暴

其實日本 SEIKO 精工的石英錶並非第一個挑戰機械錶地位的產品，早在 1950 年代，瑞士就已經研發出電子導線驅動擺輪的第一代電子錶。1962 年時更是有大動作，百達翡麗與歐米茄等二十個品牌於瑞士 Neuchâtel 成立了電子腕錶創建中心（Centre Electronique Horloger），希望集體研發出一個跨越世紀的未來機芯，並且在 1969 年時推出第一枚石英機芯 Beta-21。石英錶利用電池來驅動石英振盪器，不僅精準度遠勝機械錶，製作成本更相對低廉。同年，日本精工也推出了商品化的石英錶 35SQ Astron，並且選在 1969 年 12 月 25 日首賣，不僅打響了石英錶名號還一舉擊垮了還沒做好準備的瑞士錶廠，開啓了被製錶業稱為「石英風暴」（Quartz Crisis）的時期。

1969年，精工推出了世界上第一枚石英腕錶Quartz Astron。

保存實力勵精圖治

有著數百年製錶根基的瑞士錶廠，當然不會懦弱無能地坐以待斃，在石英錶風行的年代，依然有瑞士品牌努力開發新產品勇敢面對逆境，最好的例子是 1972 年問世的愛彼 Royal Oak 皇家橡樹系列以及 1976 年推出的百達翡麗 Nautilus 系列。這兩款以精鋼材質為主的高級運動錶，以堅固的錶殼結構搭配獨特造型，為瑞士錶的寒冬帶來一股暖流。寶珀在機芯大廠 Frédéric Piguet 支持下，毅然決然在 1982 年推出全系列機械錶，也是帶動機械錶復甦的功臣之一。接著 1983 年發生了更重要的事件，瑞士銀行團代表 Nicolas G. Hayek 接受當時瑞士最大製錶集團 ASUAG 委託，策劃執行反攻日本石英錶的方案，推出價格更低廉、全塑料材質、自動化大量生產的 SWATCH 石英腕錶，這款佈滿各式創意圖案的低價石英錶，被定義為藝術與時尚精品，發表後果然成功扳回一城，讓瑞士製錶業再次看見曙光。Hayek 接著在 1985 年將瀕臨破產的 ASUAG 與 SSIH 公司整合為 SWATCH 集團，集各家資源於一身，為瑞士製錶業找到了與日本石英錶分庭抗禮的契機。

1972年Gérald Genta設計出第一款愛彼皇家橡樹系列腕錶。

1976年百達翡麗推出第一只Nautilus Ref. 3700/1A腕錶。

1. 色彩繽紛的Swatch腕錶，是Nicolas G. Hayek反擊的第一步。
2. Nicolas G. Hayek先生。

集團化團結抗敵

SWATCH 集團吹起反攻號角後，1986 年愛彼跟百達翡麗分別以全球首創超薄自動上鍊陀飛輪腕錶和 Ref.3970 萬年曆計時腕錶熱烈回應。而最為精彩的是在 1989 年，百達翡麗為歡慶品牌成立 150 週年，特別為此歷史里程碑的時刻打造多款傑作，包括 Ref.3960 軍官式腕錶以及 Ref.3969 暱稱「獨眼龍」的跳時錶，當然，還有必須被提及的具備 33 項功能的 Caliber 89 超複雜懷錶，它坐擁史上最複雜時計功能的稱號，度過了四分之一個世紀，直到 2015 年下半年才被江詩丹頓超越。Caliber 89 問世後，一舉將百達翡麗的聲勢推向頂峰，衆頂級品牌莫不起而效尤，鑽研大複雜功能製作。於是寶珀在 1991 年發表 1735 大複雜功能腕錶；萬國錶緊接著在 1993 年為紀念建廠 125 週年，推出品牌巔峰之作 Il Destriero Scafusia「沙夫豪森戰駒」腕錶。1995 年，百達翡麗 Ref.5004 雙追針計時萬年曆錶問世，雖然複雜度不及前者，但卻堪稱史上最成功、增值幅度最高的複雜功能腕錶，拍賣會經常拍出超過千萬台幣的高價。1996 年愛彼推出具備三問、追針、萬年曆跟月相功能的 Cal.2885 自動上鍊機芯，

百達翡麗Caliber 89超複雜懷錶。

1. 1986年愛彼推出全球首創超薄自動上鍊陀飛輪腕錶。
2. 百達翡麗於1986年發表的萬年曆計時腕錶，型號Ref. 3970R。
3. 百達翡麗型號Ref.5004雙追針計時萬年曆腕錶，是拍賣會上增值幅度最高的錶款之一。

製作出該品牌有史以來最複雜錶款，為這波複雜功能競賽暫時畫上句點。

限量紀念成了價值保證

1997 年，百達翡麗坐落於日內瓦市郊 Plan-les-Ouates 地區的全球總部兼全新廠房落成，品牌特地推出具有紀念意義的 Ref.5029 三問錶以及 Ref.5500 Pagoda 腕錶，這兩枚腕錶果然不負眾望，成為繼 150 週年紀念錶之後拍賣會上的熱門品項之一。同年，沛納海（PANERAI）加入歷峰集團後首發的重量級錶款 PAM00021 Radiomir 手動上鍊腕錶，以品牌首個腕錶造型搭配勞力士機芯，成功引起話題，並預言了品牌即將迅速成功走紅。1998 年，卡地亞推出 Collection Privee Cartier Paris（C.P.C.P.）巴黎獨特珍藏系列，開始進軍高級製錶行列。

4. 萬國錶於1993年推出的巔峰之作II Destriero Scafusia「沙夫豪森戰駒」腕錶。
5. 卡地亞 1998年推出Collection Privée Cartier Paris（C.P.C.P.）巴黎獨特珍藏系列。

機械創意與革新

迎接 21 世紀前夕，各錶廠從鑽研複雜功能轉而開始精進機芯結構與材質。1999 年，歐米茄向英國製錶大師 George Daniels 購買同軸擒縱裝置（Co-axial escapement）的專利，改製成 Cal.2500 機芯發表。2000 年，勞力士為重新演繹 Cosmograph Daytona 迪通拿計時碼錶，推出全新自製機芯 Cal.4130。同年，ULYSSE NARDIN 雅典錶推出世界

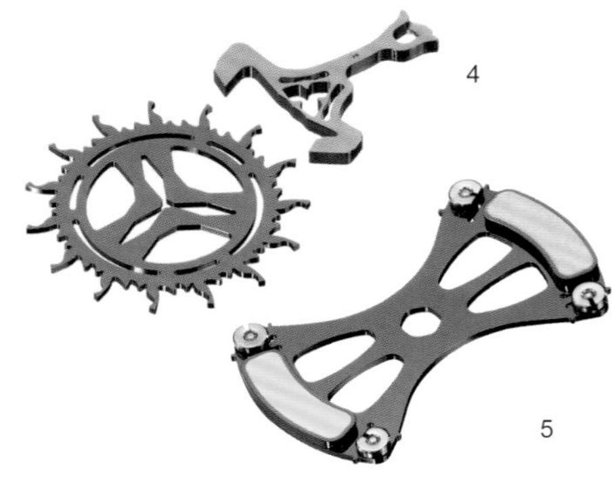

1. 英國製錶大師喬治・丹尼斯。
2. 歐米茄於1999年開始裝置在Cal.2500機芯的同軸擒縱機構。
3. 2001年雅典錶正式推出第一只運用矽材質於擒縱結構內的Freak腕錶。
4. 百達翡麗專利Pulsomax®擒縱裝置。
5. 百達翡麗專利GyromaxSi®擺輪。

第一只裝配矽質擒縱的樣錶，開創了機械機芯材質革新之先河；隔年正式推出十足創新的 Freak 卡羅素陀飛輪腕錶，以機芯底板為時針，整組雙向擒縱裝置為分針。其後又有多家企業踏足這一領域，如百達翡麗、勞力士、SWATCH 集團、積家、康斯登、芝柏等。2002 年適逢愛彼皇家橡樹系列問世 30 週年，品牌特地以一款皇家橡樹概念錶，展現多項研發成果，包含 Alacrite 602 超合金錶殼、蛇形避震陀飛輪、動力品質指示器、錶冠功能指示以及線形儲能指示等。2005 年，百達翡麗啓動名為「Advanced Research」的先進研究計劃，為打造精確、零損耗、無摩擦、免保養的擒縱裝置而努力，並於 2011 年開發出全套的矽晶體 GyromaxSi® 擺輪、Pulsomax® 擒縱以及 Spiromax® 矽游絲。2006 年，愛彼轉向傳統思考，以 18 世紀 detent 棘爪式擒縱為藍本，改製為愛彼獨家擒縱系統，與矽材質的光芒，新、舊相互輝映。

超複雜功能競爭不停歇

超複雜功能錶的競爭在高級品牌之間從不停歇，2005 年江詩丹頓為紀念創建 250 週年，推出 Tour de l'Ile 超複雜雙面腕錶，Tour de l'Ile 腕錶的正、反兩面共可顯示高達 16 項功能，僅生產七枚，當時定價四千多萬元台幣。2006 年，積家利用 Reverso 錶殼的優勢，創製出 Reverso grande complication à triptyque 三面超複雜腕錶，共具備 17 項功能，最厲害的是內部的一個精巧聯動機構，在錶殼回到定位時，機芯便可推動底座上的萬年曆跟月相功能精確運轉，以一個機芯同時驅動著三個錶盤上的功能，達成錶壇創舉。2008 年，寶璣為保留貴重歷史資產，僅憑藉著極少的文件數據跟圖檔，成功復刻出編號 1160 "Marie-Antoinette" 瑪麗安東尼懷錶。2013 年 A. LANGE & SÖHNE 朗格和百達翡麗不約而同地發佈了新款超複雜功能腕錶：前者推出 Grand Complication 超卓複雜腕錶，具備十項顯示、八大功能，限量六枚；後者發佈 Ref.6002 超複雜腕錶，是以 Ref.5002 為基礎加上手工雕刻以及內填珐瑯和掐絲珐瑯打造錶盤的升級版本。

創辦於 1839 年的百達翡麗，在 2014 年為慶祝創建 175 週年，照例發佈多款精彩巨作，其中一枚堪稱錶王的王者之作是 Grandmaster Chime Ref.5175 大師弦音超複雜腕錶。Ref.5175 具備多達二十項功能，創新部分由包含報時鬧鐘跟日期報時等六大專利擔綱演出，獨特性則在於它是品牌首款不分正反面的雙面可翻轉腕錶。緊接著在 2015 年，江詩丹頓趁品牌創立 260 週年由閣樓工匠特別訂製團隊以八年時間完成超複雜懷錶 Ref. 57260。除了擁有鐘樂大小自鳴、三問報時與萬年曆等複雜功能外，更搭載希伯來萬年曆和黃道十二宮等特殊曆法以及雙逆跳追針計時等創新功能，總共多達 57 項功能，搶下當時史上最複雜時計桂冠。

百達翡麗175週年紀念大作，Grandmaster Chime Ref.5175大師弦音超複雜腕錶。

2021 年積家為慶祝 Reverso 系列 90 週年，推出 Reverso Hybris Mechanica Calibre 185翻轉錶殼超複雜功能四面腕錶，成為世上第一只擁有四面顯示的超複雜腕錶，搭載 11 個複雜功能，包括三問、跳時以及飛行陀飛輪與瞬跳萬年曆，共耗費了 6 年時間研發。2024 年江詩丹頓再度推出 Les Cabinotiers 閣樓工匠 The Berkley 超卓複雜功能時計，以結合 63 項複雜功能和 2877 枚零件，再度刷新品牌在 Ref. 57260 時計中所創下的記錄。Les Cabinotiers 閣樓工匠 The Berkley 超卓複雜功能時計甚至搭載了基於中國傳統曆法的農曆萬年曆，堪稱鐘錶界的一大創舉；此外，江詩丹頓製錶大師還潛心研製了三軸渾天儀陀飛輪調速裝置，並配備球形游絲，以確保精準運行其繁多的複雜功能。The Berkley 超卓複雜功能時計的問世，昭示超級複雜功能腕錶的競爭仍在繼續，也為該領域再次樹立全新里程碑。

江詩丹頓參考編號 57260雙錶盤時計，由品牌的三位製錶大師花費八年時間共同製作完成，共配備57項複雜功能，其中包括多項獨一無二的全新功能。

江詩丹頓2024年推出的Les Cabinotiers閣樓工匠The Berkley超卓複雜功能時計，以空前的63項功能再度刷新自己紀錄。

積家將累積的十八般武藝，灌注在Reverso Hybris Mechanica Calibre 185超卓複雜功能系列185型機械機芯翻轉腕錶中。

百達翡麗於2011年發表的Ref. 5550P萬年曆腕錶。

Advanced Research Advanced Research Advanced Research 百達翡麗先進研究計劃

百達翡麗在21世紀初，成立專屬團隊所進行的研究計劃，目的是以矽晶體材質製作整個擒縱機構，希望藉此達到精確、零耗損、無摩擦、免保養的終極目標。該計劃初期成果是2005年以矽質擒縱輪所製作的Ref. 5250G年曆錶，接著2006年Ref. 5350R年曆錶，加入矽製擺輪游絲Spiromax®；2008年Ref. 5450P年曆錶，則是提供名為“Pulsomax®”整套矽製擒縱輪跟擒縱叉搭配Spiromax®矽游絲。而2011年的Ref. 5550P萬年曆腕錶，可以說完成了階段性任務，整組擒縱機構皆以矽材質製成，包含新加入的GyromaxSi®平衡擺輪、Pulsomax®擒縱輪跟擒縱叉以及Spiromax®矽游絲。2017年，發表的Ref. 5650G Aquanaut腕錶，採用以精鋼材質打造用於設置第二時區的柔性裝置；2021年，Ref.5750P三問腕錶搭載全新研發的成果：fortissimo“ff”揚聲系統，為報時腕錶開啓全新篇章。

百達翡麗Ref. 5750P三問腕錶配備創新的fortissimo “ff”揚聲和傳導模組，使報時聲響增加三倍。

Art deco Art déco Art deco 裝飾藝術

一項源自1925年巴黎裝飾藝術博覽會的藝術運動，後來從法國開始影響全球並受到熱烈歡迎，直到第二次世界大戰之後。裝飾藝術主張以直線條、幾何與對稱圖案表達自然之美。

上世紀20年代，蒂芙尼將裝飾藝術（Art Deco）風格融入腕錶設計。

Beta 21 Beta 21 Beta 21 Beta 21 石英機芯

百達翡麗與歐米茄等二十個品牌於1962年在瑞士Neuchâtel成立電子腕錶創建中心（Centre Electronique Horloger），並在1969年時推出第一只石英機芯Beta-21。

Marie-Antoinette No.1160
Marie-Antoinette No.1160
Marie-Antoinette Nr.1160
瑪麗安東尼復刻懷錶

瑪麗安東尼超複雜功能懷錶曾歷經多位主人，最後一任錶主大衛·所羅門（David Salomons）爵士將它捐給以色列博物館，其後卻在 1984 年的一次展覽之前被偷走，所幸在二十幾年後再度物歸原主。21 世紀初，寶璣錶廠在已故前總裁 Nicolas G. Hayek 先生主導之下，單憑一張圖和一些文字描述的技術文件數據，在 2008 年成功復刻出這枚瑪麗安東尼懷錶，錶盒以皇后鍾愛的凡爾賽宮橡樹製作，編號為 1160 號的「Marie-Antoinette」懷錶。

復刻自傳奇的瑪麗安東尼懷錶的No.1160。

Reference 57260 Référence 57260
Referenz 57260 參考編號 57260

江詩丹頓 Reference 57260 為一款雙錶盤鐘錶傑作，為紀念江詩丹頓 260 週年而於 2015 年問世。由 18K 白金打造，兩面的錶圈經過拋光處理猶如鏡面，共配備 57 項複雜功能，包括多項獨一無二的全新功能，包括希伯來萬年曆、同軸雙逆跳追針計時、夜間靜音的報時裝置，以及立體渾天儀陀飛輪等有獨創性和重要性的全新機械裝置。

江詩丹頓Reference 57260，共配備57項複雜功能。

The Berkley The Berkley
The Berkley
The Berkley 超卓複雜功能懷錶

江詩丹頓 2024 年推出的超複雜時計，研發過程歷時 11 年，錶款涵蓋 63 項鐘錶複雜功能，配備創新的中國曆法萬年曆、齊集天文功能和鳴響報時功能，搭載 2,877 枚零件，整體規格超越了前作 Reference 57260，是當代製錶史上的一大里程碑，並以委託人名字為其命名。

江詩丹頓Les Cabinotiers閣樓工匠 - The Berkley超卓複雜功能懷錶，是史上首款配備中國曆法萬年曆的時計。

Chapter 2
時計概論

上一章節，我們談到了時計的源起，從鐘錶的濫觴紐倫堡蛋說起，對時計的演進史做了深入淺出的介紹，更以詳盡的圖文描繪出屬於每個時代的重要時計作品。然而除了上述的經典作品之外，在時計的發展過程中，還有許多前人留下的智慧結晶，是我們不常提及的，正因如此我們做大量的資料蒐集與整理，期待能藉此讓大家對這些鐘錶的發展有更深入的瞭解，其中包括了時計的種類、風格以及材質等。

百達翡麗Cubitus系列5821/1A-001腕錶。

百達翡麗Cubitus系列5821/1AR-001腕錶。

2-1
基礎知識

鐘錶時計的範疇很廣，本小節主要介紹在時計發展過程中曾經出現，至今依舊對腕錶發展具有影響的腕錶基礎知識，例如以外形或動力來源作為區分的各種時計工具的類別，以及在時計作品中常會出現的風格樣式。

康斯登典雅動力儲存大日曆自製機芯腕錶。

Accutron
Accutron Accutron
音叉錶

寶路華從 1953 年開始研發，直至 1960 年代出現在市面上，音叉錶是電子錶與石英錶發展的重要歷程，石英錶利用石英材料規律的振盪來走時，寶路華音叉錶卻是以電磁鐵音叉作為調速器。直到 1970 年代石英錶發展早期，電子音叉手錶一直是技術領先的腕錶，不過由於石英錶更為穩定，所花費成本以及功率使用較低，因此在石英錶興起後，到了 1980 年代寶路華便停止生產這類腕錶，於 2020 年才又重新推出。

音叉錶的機芯以電磁扭轉諧振器為主要元件，其頻率比機械錶高出很多，故更為精準。

Anti-magnetic watch
Montre anti-magnétique
Antimagnetische Uhr
抗磁錶

日常生活中，電器用品都會產生磁場，這些磁場會干擾腕錶運轉，令準確性受到影響。如果將擺輪游絲和擒縱輪都採用鎳合金等耐磁性的金屬製作而成，那麼就有抗磁性的效果。一只錶處在 4800A/m（約 60 高斯）的磁場中，如果仍能繼續運轉，一天最大誤差不超過 30 秒，那麼這只「錶」便算是抗磁錶。

TITONI梅花錶Airmaster Pilot 飛行員天文台腕錶，可防磁高達500高斯。

Automatic mecanical watch
Montre mécanique automatique
Mechanische automatikuhr
自動上鍊機械錶

搭載自動機芯的錶款。機芯裡加入自動擺陀，佩戴時，錶內的擺陀可因手腕的活動而旋轉，達到上發條的效果。由於手腕的活動會為手錶持續上發條，因此自動上鍊腕錶都有防止發條過緊的功能，以避免發條損壞。

蕭邦L.U.C Qualité Fleurier腕錶，搭載L.U.C 96.09-L自動上鍊機芯。

百年靈Navitimer航空計時自動機械腕錶。

Aviation watch
Montre d'aviation
Fliegeruhr 航空錶

航空錶也叫作飛行錶，是飛行員在執行飛行任務時佩戴的功能性腕錶。在製造工藝與功能上都有嚴苛的需求，需要具備高抗壓、防磁、堅固、高抗震，以及高辨讀性等性能，因此鏡面大多采用防眩處理，以避免光線的折射影響閱讀。

卡地亞Baignoire腕錶。

Baignoire Baignoire Baignoire
橢圓形腕錶 (浴缸型)

Baignoire 腕錶源自卡地亞 20 世紀初為女士創作的第一款矩形錶殼腕錶。此後，這一造型不斷發展，到 1958 年，這款腕錶以 「橢圓形曲面錶殼」 為標誌性特徵，完美彎曲和微微拱起的形狀，以貼合手腕。1973 年該設計被正式命名為「Baignoire」。

Bauhaus Bauhaus Bauhaus 包浩斯

包浩斯是一種藝術流派，最初得名於德國一所應用藝術和建築學校，1919 年由建築師華特·葛羅培斯（Walter Gropius）於魏瑪創建，2019 年恰逢其創建 100 週年。該校對現代建築學具有深遠影響，因此今日「包浩斯」一詞泛指校方倡導的建築流派或風格，注重建築造型與實用機能相結合。當然其影響力除了建築外，還影響了一批鐘錶品牌將追求設計簡約、強調實用功能作為第一要義。

這座盒式天文台時計是1940年朗格所製。

Box chronometer
Chronomètre de observatoire à boîte
Box-Chronometer
盒式天文台時計

放在平衡架（gimbals，一種可使羅盤保持水平的裝置）裡，以便機芯始終保持在海平面的時計。航海天文時計（Marine chronometer）就是一種常見的盒式天文台時計。

Byzantine Byzantine Byzantinisch 拜占庭風格

源起於拜占庭時代的建築風格，在鐘錶領域指的是錶鍊形式，用編織金線搭配環形鍊交錯而成，最早見於百達翡麗 Golden Ellipse 4931/2 女錶。

百達翡麗為Golden Ellipse編號 5738/1R-001 新款腕錶設計了全新鍊帶。

Cabinotier Cabinotier Cabinotier 閣樓工匠

18 至 19 世紀在日內瓦的製錶師謂之閣樓工匠，因為當時的工匠們為獲取良好自然光源，通常會在閣樓上設立工坊。這些人是獨立的製錶師，也是工坊主人，而閣樓工匠可謂是日內瓦製錶業的台柱，由於他們的存在，使得這個城市成為了製錶工業的重鎮。

現在閣樓工匠也是江詩丹頓品牌的一個部門，將專業製錶大師團隊的超卓技藝與熱忱相結合。他們攜手合作，以精湛工藝與藝術設計將遙不可及的夢想化為現實。

江詩丹頓博物館陳列品牌創始期閣樓工匠的工作桌。

Calatrava Calatrava Calatrava 卡拉卓華

來自西班牙小鎮的名字，取自阿拉伯語，代表著古代貴族的城堡。其圖案以傳統希臘十字架為基底，再飾以四朵鳶尾花，是一種裝飾華麗的十字形圖案。1932 年 Stern 家族收購百達翡麗股權之際，即採用該圖案作為品牌標誌。

百達翡麗腕錶的K金自動盤上面，鐫刻了精美Calatrava圖案。

Chinese zodiac watch Montre zodiaque chinois Chinesische tierkreisuhr 生肖錶

針對中國生肖年所特別推出的錶款，許多品牌皆推出符合年度生肖的限量錶款。

ARNOLD & SON推出的限量Luna Magna皓月紅金《龍年》腕錶。

美度Multifort TV採復古的枕形錶殼設計。

Cushion shaped Forme cousin
Kissenförmig 枕形腕錶

枕形，又稱為坐墊形、電視形。方中帶圓的一種弧形錶殼樣式，大約出現於 1920 年代，亦圓亦方的樣式很受當時的人們喜愛，於是成為錶殼主流樣式之一。

雅典錶是目前少數仍在推出春宮錶的品牌。

Erotic watch Montre érotique
Erotische Uhr 春宮錶

17 世紀的歐洲製錶工匠將春宮圖繪製到懷錶上，以滿足貴族們對複雜工藝技術的追求。時計在報時之際，亦同時驅動盤面上的人偶，形成情色的畫面，在 18 世紀於歐洲及亞洲大受歡迎，甚至成為上流社會相互饋贈的禮品。20 世紀初期開始變得罕見，而寶珀及雅典則是少數仍持續在此領域深耕的品牌。

江詩丹頓1890年前後的古董半獵錶。

Half-hunter Demi-quarts
Halbjäger 半獵錶

又稱為 Demi-Hunter，獵錶的出現是為了避免歐洲貴族在狩獵過程中刮傷鐘錶所衍生出的裝置，主要是在鏡面上方額外加裝一個錶蓋。而半獵錶即是在獵錶錶殼中央開一個圓孔，方便在不打開錶蓋的情況下，通過圓孔直接看到指針讀時。

Ligne Ligne Ligne 法分

法分，是製錶工藝的老式度量單位，源自 Pied du Roy，法語譯為皇家尺（royal foot），相當於 2.2558mm，一般都用來表示機芯的大小，法分符號是「'''」。例如一個 11 法分的圓形機芯或一個 8'''x12''' 的方形機芯。

2020年，百達翡麗位於Plan-les-Ouates PP6 製錶大樓揭幕。

Manufacture Manufacture
Manufaktur 製錶廠

本意為法語中的製造廠。根據製錶業的不成文規定，要被稱為「Manufacture」，必須至少自行設計、製作一款機芯。

Manul mecanical watch
Montre mécanique à remontage manuel
Mechanische Handaufzugsuhr
手動上鍊機械錶

手動上鍊腕錶需要佩戴者自行旋轉錶冠，帶動離合輪，從而帶動立輪、小鋼輪及大鋼輪齒輪，進而為發條儲存能量。相較於自動上鍊腕錶，手動機芯因其小巧、輕薄的特點而廣受鐘錶愛好者青睞。

百達翡麗Ref.6300GR-001腕錶，搭載Caliber 300 GS AL 36-750 QIS FUS IRM手動上鍊機芯。

Mechanical watch
Montre mécanique
Mechanische Uhr 機械錶

搭載機械機芯的錶款稱為機械錶，以分為手上鍊（hand wind）以及自動上鍊（automatic 或 self-wind）兩種。由動力系統——發條，傳動系統——齒輪系，以及振盪系統——游絲擺輪三大系統所組成的機械架構。早在 13 世紀機械式鐘錶就已問世，成為最早的計時工具。其核心原理是利用發條作為動力源，由齒輪系（gear train）傳輸帶動指針運轉，而振盪器（oscillator），即擺輪（balance wheel）。機械式鐘錶的技術經過數個世紀的發展到了十九世紀臻於成熟。

機械機芯由發條盒、走時輪系、擒縱系統組成基本結構。

Mystery clock or watch
Horloge ou montre mystérieuse
Mysteriöse Uhr oder Armbanduhr
神秘鐘（神秘錶）

世界上第一款神秘鐘在 1912 年，由卡地亞家族的繼承人路易·卡地亞和當時的製錶大師莫里斯·庫埃共同合作完成。神秘鐘或錶的實現原理並不複雜，就是將時分指針分別固定在兩個由機芯帶動的藍寶石水晶圓形轉盤上，但其中蘊含的巧思匠心以及組裝的幾何精度讓人敬佩。

卡地亞1914年製造的古董神秘鐘。

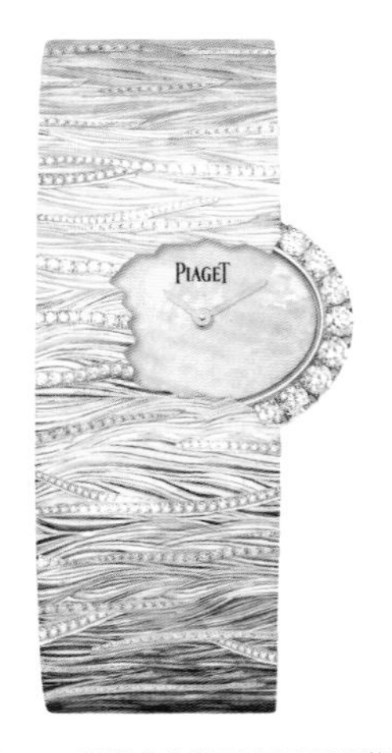

PIAGET 18K玫瑰金白色蛋白石面盤鑽石手鐲錶，搭載伯爵自製356P石英機芯。

Quartz watch Montre quartz
Quarzuhr 石英錶

利用石英壓電性（Piezoelectric）的特性作為鐘錶振盪器（oscillator）的腕錶。石英晶體的壓電性在 19 世紀被發現之後就曾經被建議運用到計時器技術上，1927 年開發出第一座石英鐘，直到 1960 年代末才開發出商品化的石英錶。指針式石英錶是以微型電池作為動力來源向集成電路提供特定電壓驅動石英振盪器產生振盪，並由微型處理芯片將石英的振盪整理成頻率訊號回傳集成電路，使頻率訊號轉換為電子脈衝驅動步進馬達驅動齒輪系帶動指針運轉。數字顯示石英錶：將指針式石英錶的步進馬達、輪系和指針以液晶顯示二極體取代，由於被取代的是石英錶中耗電量最大的部份，因此數位式石英錶更加省電。近代石英錶標準振盪頻率是 32,768Hz。一般而言，每一年才偏差 1 分鐘。

卡地亞Tank系列擁有幾個經典元素：軌道式刻度、放射狀羅馬數字、藍鋼指針，以及凸圓寶石錶冠。

Rolled gold Or roulé
Walzgold 包金

在基底金屬上再覆蓋一層薄的貴金屬。

Tank watch Montre Tank
Tankuhr 坦克錶

卡地亞製錶師 Louis Cartier 以 Santos 腕錶為原型，再搭配坦克履帶外形錶殼，讓錶殼錶耳得以一體成形的樣貌示人，因外形與首批英國裝甲車相似，因而命名為「Tank」。

宇舶錶Square Bang Unico鈦金藍計時碼錶。

Square Carrée
Quadratisch 方形錶

方形錶是一種外形為矩形或正方形的腕錶，與傳統的圓形錶相比，擁有獨特且富現代感的幾何設計。其錶殼形狀通常是平直的線條和銳角構成，使得腕錶在視覺上更具結構感和個性化。方形錶的設計靈感可以追溯到裝飾藝術（Art Deco）時期，並逐漸成為一種經典的時尚元素。

Tonneau Tonneau Tonneau 酒桶形錶

法文「Tonneau」即是「桶」的意思，因錶殼外形形似酒桶而得名。20 世紀，隨著裝飾藝術（Art Deco）大行其道，酒桶形錶殼也大為風靡，當時主要用於女性使用的小巧型腕錶。進入 21 世紀，酒桶形錶殼多以特殊材質與誇張設計呈現，凸顯了科技感與現代感，成為不少先鋒派頂級品牌的主力錶殼。

RICHARD MILLE RM 65-01 McLaren W1自動上鍊雙秒追針計時碼錶。

Tortue Tortue Tortue 龜形錶

卡地亞於 1912 年從酒桶形腕錶衍生出的腕錶，與酒桶形腕錶最大不同是凸出的錶耳，同時錶殼較大且寬。

卡地亞Cartier Privé系列的Tortue腕錶將1912年創作的龜形錶殼重新演繹。

Triple case watch Montre à boîtier triple Dreifach-Gehäuse-Uhr 三套殼錶

18 與 19 世紀為土耳其市場製造的懷錶常有三套錶殼，用以保護最裡面的機芯，更甚者還有第四層外殼。

Ultra-thin watch Montre ultra-plat Ultradünne Uhr 超薄腕錶

超薄腕錶是一種設計和製造上非常精細的腕錶，具有纖薄的錶殼和機芯，其厚度通常遠小於普通腕錶。超薄錶的工藝複雜度不遜於複雜功能，在保持精準度和功能的前提下，需要將機芯的各個部件精簡到極致。

寶格麗2024年推出的Octo Finissimo Ultra Cosc 超薄瑞士天文台認證腕錶，僅1.70毫米厚度。

Vintage Watch Montre vintage Vintage-Uhr / Antike Uhr 古董腕錶

古董錶通常指已經生產了很長一段歷史時期，且業已停產的經典手錶款式，通常在二手市場及拍賣會中流通，因其稀有性、獨特性和文化價值而受到追捧。相對地，一些腕錶品牌也會出售自家的古董作品。

卡地亞Vintage系列古董腕錶。

2-2 製錶材質

一只保存良好的機械錶，在流傳百年之後仍然能精準報時，這在鐘錶界裡屢見不鮮，然而除了憑藉著製錶師們運用巧思，將鐘錶原理實踐在時計作品之中，每一枚組成鐘錶的零件也必須悉心琢磨，不僅需要細膩打磨，從一開始的材料選擇就具有關鍵性作用，金的好，銀的好，還是鋼的好？依照需求不同，選用不同材料才是上策。本章節介紹製錶的材質，從普通金屬到貴金屬，從常見到稀有，甚至是特殊材質等，皆逐一進行說明。

RICHARD MILLE RM 21-02 Aerodyne陀飛輪腕錶。

Aluminium Aluminium Aluminium 鋁

鋁或是鋁合金是經常用在腕錶上的材質，特別是用於製作機芯零件（夾板）或者錶圈。鋁的外觀為銀色，質地輕盈且相對柔軟，具有絕佳的延展性以及耐用度，同時也是不具磁性的材質。

寶格麗Bvlgari Aluminum Chronograph計時碼錶，錶殼為鋁合金。

Beryllium Béryllium Beryllium 鈹

鈹的化學符號為 Be，是一種白色的金屬元素，質地非常輕盈，具毒性與可燃性，少量加在銅中即成為鈹青銅，耐腐蝕又兼具韌性，而各類鈹合金在鐘錶領域應用相當廣泛，如抗溫差的 Glucydur 鈹銅鎳合金擺輪，彈性不變的 Nivarox 游絲等。

Blue steel Acier bleu Blauer stahl 藍鋼

將鑄鋼件緩慢而仔細地從 300 攝氏度左右開始加熱，讓鋼的表面呈現彷彿矢車菊藍色一般波光粼粼的光芒，這種藍鋼主要用於鐘錶的零件上，例如螺絲、指針等，讓腕錶看起來更精緻細膩。

時、分兩針經過高溫燒製後，便呈現深藍色。

Bronze Bronze Bronze 青銅

作為金屬冶鑄史上最早的合金，青銅是鉛、紅銅、錫三種元素的合金，具有熔點低、硬度大、可塑性強、耐磨、耐腐蝕、色澤光亮等特點，適用於鑄造各種器具、機械零件、軸承、齒輪等。從材料學上來說，青銅這種材質本來不適合作為錶殼，因為它極易氧化且不易打理，當銅和空氣中的二氧化碳、水蒸氣發生反應，會逐漸氧化變色，在表面形成斑駁的、不均勻的銅鏽。不過正是這賦予腕錶獨一無二的印記，令青銅腕錶看起來更像是專屬於自己的腕錶，另外青銅的材質比精鋼硬度低，佩戴過程中產生的碰撞痕跡也是青銅錶的特性。

柏萊士BR 03-92 Diver Black & Green Bronze青銅腕錶。

沛納海Submersible BMG-TECH™ 腕錶。

BMG-TECH™ BMG-TECH™ BMG-TECH™ BMG-TECH™ 金屬玻璃

一種塊狀金屬玻璃，具有無序的原子結構，透過在超高溫條件下高壓注射成型，再經過快速冷卻工序製成。這樣的快速冷卻讓原子來不及形成有規則的晶體結構，使得 BMG-TECH™ 比精鋼更堅硬、輕盈，具有出色的防腐蝕性、抗外部衝擊性和抗磁性，適合用於高性能腕錶的製作，尤其是在潛水錶的錶殼和錶圈中，是沛納海材料技術的創新成果。

萬寶龍將$CARBO_2$用於製作1858系列Geosphere零氧腕錶的中層錶殼。

$CARBO_2$ $CARBO_2$ $CARBO_2$ $CARBO_2$ 碳酸鈣碳纖維複合材質

透過鈣溶解和碳酸化過程，從回收工場產生的沼氣和礦物廢料收集二氧化碳（CO_2），由此獲得富含 CO_2 的粉末即為碳酸鈣（$CACO_3$），再與超輕而耐用的碳纖維結合，形成創新的複合材質 $CARBO_2$，其深淺色調取決於碳纖維和 $CACO_3$ 的混合比例。

Carbon fibre Fibre de carbone Carbonfaser 碳纖維

碳纖維是一種象徵高科技的現代化新材質，近年來在腕錶上的應用越來越盛行，主要用來製作錶盤、錶殼，具有特殊的韌性，強度很高且輕盈不易斷裂是其主要特色。

RICHARD MILLE RM 27-05 Rafael Nadal 飛行陀飛輪腕錶以Carbon TPT® B.4材質打造一體成型錶殼。

Carbon TPT® Carbone TPT® Carbon TPT® Carbon TPT® 碳纖維

RICHARD MILLE 和 North Thin Ply Technology（NTPT 公司）合作研發之創新材質。由碳纖維分離得到的多層平行纖維構成，浸過樹脂的碳纖維細絲，經專門機器交織成纖維層，每層最大厚度為 30 微米，層與層之間以 45° 角方向的交錯，並在 6 巴的壓力下加熱到攝氏 120 度，之後才再進行加工。因此，錶殼的各個部位都額外堅固且表面具有獨特的隨機紋理。

雷達表True真我系列高科技陶瓷開芯腕錶。

Ceramic Céramique Keramik 陶瓷

陶瓷是一種定義相當廣泛的用語，一般指的是在超過攝氏900度高溫下燒製出來的固體物質，是最古老的材料之一，應用也相當廣泛，在古代黏土以及瓷器中扮演了舉足輕重的角色。

DLC
DLC / Matériau en carbone de type diamant
Diamant Carbon 類鑽碳電鍍材質

泰格豪雅摩納哥系列計時碼錶，黑色DLC塗層鈦金屬錶殼。

DLC 即類鑽碳電鍍材質，為英文 Diamond-Like Carbon 的縮寫。需要特別澄清的部分在於它並不屬於一種電鍍技法，而是 PVD 技術處理過程中的一種被鍍物料，與尋常 PVD 電鍍較常採用的碳化鈦或氧化鈦等被鍍物質不同，DLC 乃是一種介於鑽石（具有立體結構）與石墨（具有平面的網狀結構）之間的非晶體結構碳元素。其擁有的特性包括高硬度、高彈性模數與低摩擦係數等；以深度加強錶殼的保護性，由一片輕薄的鍍層來達到接近鑽石等級的效果。

DMLS DMLS DMLS
DMLS 金屬鐳射燒結技術

在 3D 列印技術過程中層層疊加鈦金屬原料，透過大功率光纖鐳射燒結技術，將一層又一層的鈦金屬粉末融合，化為實心材質並塑造成形。這種技術能在無損其強度與防水性能的情況下，製作出中空結構的錶殼組件。

沛納海Submersible S BRABUS eTitanio™腕錶，錶殼採用100%再生鈦金屬粉末並運用直接金屬鐳射燒結技術製成。

沛納海Submersible Elux LAB-ID™ 錶款。

Elux Elux Elux Elux 電致發光

Elux 為「elettroluminescenza」（電致發光）的縮寫，原指表面均勻發光的發光板，這種發光板不含放射物質且相當耐用，可抵禦撞擊和震動，適合各種應用。沛納海在 Submersible Elux LAB-ID™ 錶款中運用了 Elux 技術，並結合由機械動能驅動的隨按即亮機制，佩戴者打開專利按把保護系統並按下按把，便可使其持續發光 30 分鐘。

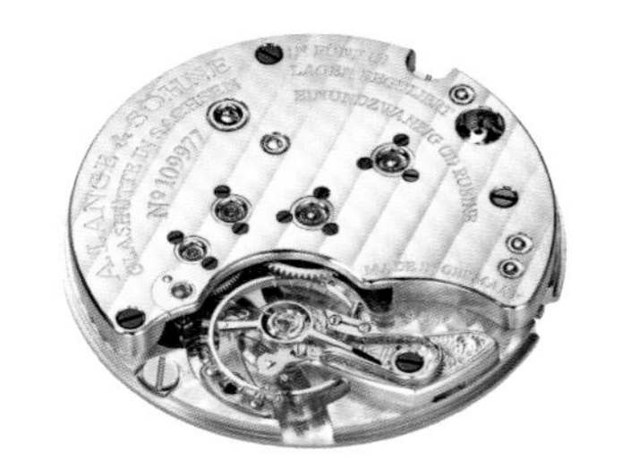
朗格的機芯基板與夾板幾乎都採用德國銀製作。

German silver Argent allemande Deutsches Silber 德國銀

德國銀又稱為白銅，是以 12% 至 25% 的鎳、47% 至 65% 的銅再加上 10% 至 40% 的鋅所組成的合金，具有良好的耐蝕性，常用於製作機芯。相較於銅，它的穩定性更高，由於含有鎳的成分，因此該合金也會隨著時間氧化，但是速度不會太快，且德國銀並不需要電鍍，就能長保類似銀質的自然樣貌。

沛納海Luminor Quaranta™ BiTempo Goldtech™ 腕錶。

Goldtech™ Goldtech™ Goldtech™ Goldtech™ 紅金

沛納海 Goldtech™ 紅金是一種呈現深邃紅色的特殊合金，因為具有比例較高的紅銅成分與少量鉑金，因此可減少紅金氧化的情況，也比玫瑰金或黃金更堅硬耐磨。

江詩丹頓Historiques系列222腕錶，37毫米錶殼、錶鍊與錶扣皆以黃金材質打造。

Gold Or Gold 黃金

一種化學元素，符號為 Au，以克拉來表示純金含量。在室溫下是固體，密度高但質地柔軟，具有光亮外形以及抗腐蝕能力，也是在目前所知的金屬中延展性最高的，能被打薄呈金箔狀。也因為金的高抗氧化特性，在牙科以及電子方面被普遍地應用。由於純金太軟，所以通常會加入其他金屬製成合金以增加硬度，同時改變成色，最常使用的方式是添加銅，會讓合金有偏紅的情形，形成玫瑰金等不同色澤的合金。24K 為純金，次者為 22K、18K、14K、10K 等。

Honeygold® Honeygold®
Honeygold® 蜂蜜金

為朗格獨有的一種專利貴金屬合金，含有 75% 純金與銅、鋅等金屬。其特點是綻放與衆不同的暖黃色調，擁有介於白金和玫瑰金之間的色澤，並且具有較高的硬度。2010 年，朗格首次發佈三款採用 18K 蜂蜜金的限量時計，之後此獨特的蜂蜜金一直僅應用於品牌的限量款式中。

朗格Datograph大日曆計時萬年曆陀飛輪「Lumen」腕錶18K蜂蜜金款。

Lime Gold Lime Gold
Lime Gold 萊姆金

萬寶龍推出的獨家合金，由 18K 金（Au 750 ）、銀（Ag 238 ）和鐵（Fe 12 ）組成。 萊姆金金屬外觀會呈現稍微偏綠的色調，形成獨特復古美感，和傳統的黃金有所差別。

萬寶龍 1858 系列追針計時腕錶限量款 18，錶殼以名為「萊姆金」的創新 18K 金合金製成。

Magic gold Magic Gold
Magic Gold 魔力金

這種金合金是宇舶錶獨有的專利性材質，由位於尼翁市的品牌小型高壓金屬鍛造廠生產。魔力金的成分包括金、鉑和銅，以某種比例熔合而成，是世界上首個也是唯一一個防刮的 18K 金合金。

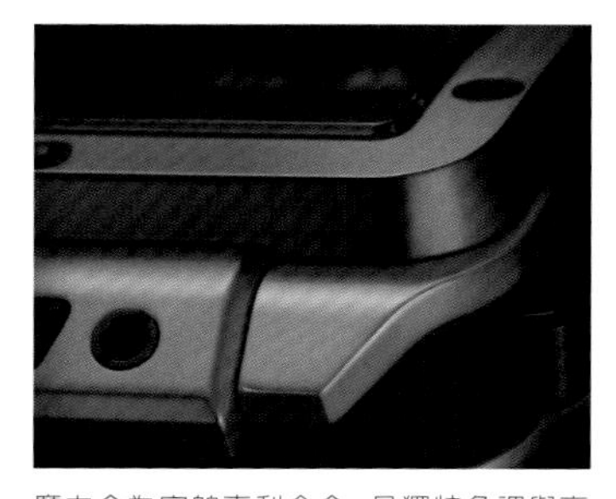

魔力金為宇舶專利合金，具獨特色調與高防刮性。

Mother of pearl
Nacre Perlmutt
珍珠母貝

一種由軟體動物產出的有機與無機混合物，一般存在於珍珠牡蠣或淡水珍珠軟體動物外殼的內層，與珍珠表層的材質一樣，除了非常堅固之外，亦相當鮮艷。成分為霰石(碳酸鈣的一種)，以磚塊狀結構排列，硬度很高，厚度趨近可見光的波長，因此在不同波長的光影照射下，會有各種顏色的反射光，常被用來製作女錶錶盤。

康斯登經典優雅月相腕錶，以珍珠母貝製成錶盤。

鈀金屬於鉑族金屬之一。

Palladium Palladium
Palladium 鈀金

鈀金，元素符號 Pd，呈銀白色金屬光澤，色澤鮮明，與鉑、銠、釕、銥、鋨被歸為鉑族金屬家族。比重 12，輕於鉑金，延展性強。熔點為 1555 攝氏度，硬度 4~4.5，比鉑金稍硬，不過目前鈀金錶款並不多見。

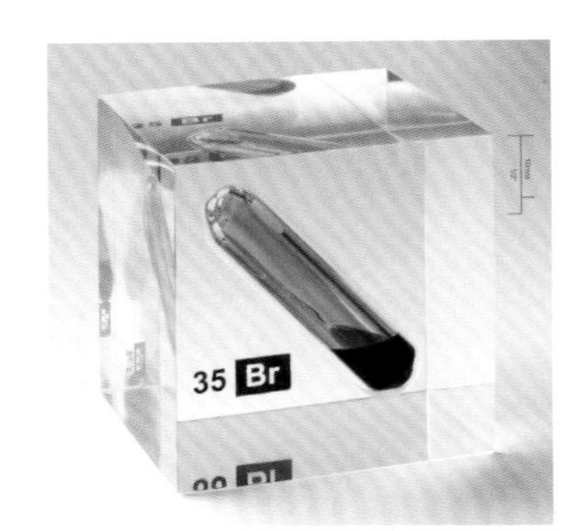

有機玻璃也就是俗稱的壓克力。

Perspex Perspex
Plexiglas 有機玻璃

俗稱壓克力，是一種透明度趨近於玻璃的高分子聚合物，具有表面光滑、吸震力佳、耐腐蝕、耐濕以及耐熱等特性，同時價格低廉、加工容易，刮傷後可以再度拋光，所以常見於低價位錶款，以及炮兵和裝甲兵所使用的軍錶。

Platinumtech™ Platinumtech™
Platinumtech™
Platinumtech™ 鉑合金

由沛納海開發的一種專利鉑合金，經過全新配方熔製和特殊工藝處理，具有比傳統鉑金更高的硬度和耐用性。Platinumtech™ 在保持鉑金本身高密度和抗腐蝕性特質的同時，通過技術改進提升了其耐刮性與抗磨性，使其更適合用於高端腕錶的製作。

沛納海Radiomir年曆Platinumtech™腕錶。

Platinum Platine Platin 鉑金

貴金屬之一，密度與耐腐性極高，且不易氧化的銀白色貴金屬，以南非出產最多。不過自然界的存量以及產量比黃金少很多，加上熔點高（1773 攝氏度），密度與硬度也較其他貴金屬大，300 公斤的礦石僅能生產 1 克。雖然鉑金硬度較黃金高出許多，然而純鉑金還是相對柔軟，需要融入其他金屬才能來做應用，以純度之千分位數來表示，Pt950 為 95% 鉑金再加上 5% 的其他金屬所形成的合金。通常在應用上會選擇純度 95%以上的鉑金材料。使用鉑金來製造錶殼難度很高，除了模具耗損量高外，製作時間也比其他 K 金多了 3 到 4 倍。

帕瑪強尼Toric小三針腕錶以950鉑金打造錶殼。

Precious metal imprint Empreinte métallique Edelmetallprägung 貴金屬印記

貴金屬印記最初是法國工匠在金器或銀器上打上的屬於自己的印記，以表示對物品成色的負責，後來這種明確責任的方式為各國所用，儘管不同國家對貴金屬成分的標識符號也存在著非常大的差異。僅以瑞士為例，1995 年之前各成分的圖案差別很大，但 1995 年之後，政府統一用國犬聖伯納的側面頭像作為唯一的瑞士產貴金屬製品標記，並用國際統一的天平標記形狀表示材質、以數字和文字標明成色。

卡地亞腕錶上面鐫刻的瑞士官方「聖伯納狗頭」貴金屬印記，以及自己品牌的950標章。

PVD PVD PVD-Schichtung 物理氣相沉積

PVD 為 Physical Vapor Deposition 的縮寫，是一種現代化的電鍍技術。通過氣體放電使鍍料電離並加速沉積於錶殼表面，形成保護層。其優勢包括環保、持久色澤和增強抗腐蝕性。

愛馬仕此款H08腕錶，面盤以PVD處理為藍色。

Quartz TPT® Quartz TPT® Quarz TPT® Quartz TPT® 石英纖維

是一種品牌獨家材料，由二氧化矽分離得到多達數百層平行細絲構成，厚度不超過 45 微米的纖維層，並在一種專為 RICHARD MILLE 開發的獨家彩色樹脂中浸泡而成，再經由特殊的自動化控制系統，層與層之間以 45° 角方向交錯堆疊而成，在 6 巴強度的壓力下加熱至攝氏 120 度，之後經機械加工，Quartz TPT® 石英纖維的各層被隨機揭開，形成特殊紋理，成為獨一無二的作品。

RICHARD MILLE RM 07-04 Quartz TPT® 石英纖維綠色款。

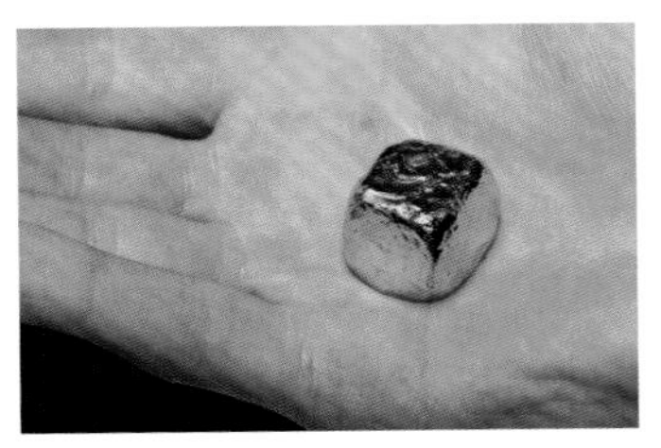

部分錶款零部件都鍍上銠，多一層保護。

Rhodium Rhodium Rhodium 銠

一種白色的金屬，化學符號為 Rh，由於具有美麗的銀白色外觀，因此經常與白金結合，作為腕錶錶殼抑或者機芯零件，若利用電子原理（電鍍）將銠加工到黃銅或鎳銀製品上，還有防氧化作用。

由宇舶製錶廠研發的創新材質SAXEM。

SAXEM SAXEM
SAXEM 藍寶石氧化鋁及稀土礦物

SAXEM 的全稱是藍寶石氧化鋁及稀土礦物（Sapphire Aluminium oXide and rare Earth Mineral），宇舶製錶廠將銩、釹和鉻等稀土元素與藍寶石基礎成分氧化鋁混合，已開發出可媲美翡翠的綠色，以及明亮的螢光黃色。擁有極佳的耐磨性和光澤度為該材質主要特性，而由於內部無張力，因此可確保良好的成形穩定性，而立方晶體結構則讓錶殼從任意角度觀賞都呈現相同色彩和飽和度。

藍寶石水晶材質是目前主流的腕錶錶鏡材質，近年來也被用於製造機芯、錶殼與錶鍊。

Sapphire crystal
Cristal saphir
Saphirglas 藍寶石水晶

一種由氧化鋁 (Al_2O_3) 在高溫下合成的金剛石，可作為鏡面玻璃使用。硬度極高，莫氏硬度達 9（1800 維氏硬度），較一般硬度僅為 5 的礦石玻璃更加耐磨損，同時不易出現刮痕，缺點是不防震也不耐重摔，敲擊亦會引起破碎，近年也被用於製造機芯夾板和錶殼。

精鋼錶殼上刻有STAINLESS STEEL字樣。

Stainless steel Inox
Edelstahl 精鋼

俗稱的不鏽鋼，含有 10% 至 30% 鉻的合金，極不易磨損、生鏽，具有抗腐蝕性與抗磁性，表面有一層防生鏽的氧化膜，能抵禦外在環境產生的影響，在腕錶中使用的鎳鋼和鉻鋼含有鎢或鉬成分。依自動機工程學會總會規定，有不同的分組牌號，304 為通用型號，常用於製作耐蝕容器、餐具、家具、欄杆、醫療器材等，含 18 % 鉻、8 % 鎳。而在腕錶上較常使用的是 316 不鏽鋼，這也是第二種應用廣泛的不鏽鋼種類，常用於食品工業機械、外科手術器材，甚至在化學工業或海邊等易腐蝕的環境中也被廣泛應用，主要添加了鉬元素，增加其抗腐蝕效果，較 304 不鏽鋼擁有較佳的抗氧化以及抗腐蝕力。

浪琴Conquest征服者系列自動機械腕錶，錶殼與錶鍊皆為精鋼材質。

Staybrite Staybrite Staybrite 防鏽

一種商業用語，最常代表不鏽鋼的防鏽性能，已經有超過 80 年的歷史，可追溯到從人們追求耐腐蝕的不鏽鋼開始，有時可以在錶背上發現它的印記。

Ti-Ceramitech™ Ti-Ceramitech™ Ti-Ceramitech™ Ti-Ceramitech™ 陶瓷化鈦金屬

沛納海運用電解等離子氧化工序，結合鈦金屬的輕盈和陶瓷的強韌，締造全新專利材質，能夠承受高壓和極高的熱應力，集鈦金屬和陶瓷的材質優點於一身。Ti-Ceramitech™ 硬度顯著提升，比精鋼輕盈 44%，抗裂性比傳統陶瓷高 10 倍。

沛納海Submersible QuarantaQuattro Luna Rossa Ti-Ceramitech™腕錶。

Titanium Titane Titan 鈦

鈦是銀灰色金屬，化學符號為 Ti，質量介於鐵與鋁之間，強度與碳鋼略同。其單位重量之強度比約為鐵的 2 倍、鋁的 6 倍，為質輕而堅的金屬。而且其耐蝕性高、耐酸性比鐵高，在海洋中耐蝕性僅次於白金。與其他金屬比較，導電性及導熱性比較低，是一種以耐蝕性、質量、強度等特性均衡為特徵之金屬。其熔點最高為 1688 攝氏度，鈦元素與氧之結合力甚強，因此鈦金屬會在表面結合成極薄之灰色氧化膜，這也是鈦金屬外表會呈灰色的原因。

羅杰杜彼王者系列鈦金屬單陀飛輪腕錶，錶殼與錶鍊皆為鈦金屬材質。

Vermeil Vermeil Vermeil 鍍金銀

利用電鍍方式（電解原理），讓銀的表面鋪上一層金。

Chapter 3
外部組件

許多人在購買腕錶時，除了考慮機芯，腕錶的外形通常更是關鍵因素。然而除了前一章節所介紹過的款式與材質差異之外，如果將腕錶的每個部分拆解來討論的話，其實還是有相當多的變化，這個單元主要介紹錶殼的層層結構，從外層錶殼，到錶圈、錶環等細節，以及各式錶盤上的可能會出現的零件或佈局方式，包括指針、時標、副錶盤、按把等。還有各形各色的錶帶種類，從鍊帶到皮帶，及其附加的錶扣樣式等，從最多元的方面來探討介紹。

MB&F LM Flying T Onyx腕錶。

MB&F LM Sequential Flyback Platinum腕錶。

3-1 錶殼部分

單單提及錶殼時，往往代表的是腕錶最外層的保護罩，不過其實錶殼還有部分零件是可以獨立去談的，包括：錶耳、排氦氣閥、錶圈、錶冠等。另外，單就錶殼而言就有多種樣式，而錶殼上的零件也有許多變化，例如後背底蓋也因功能不同，有螺旋式、按壓式、螺絲固定式或者是鉸鍊式等。

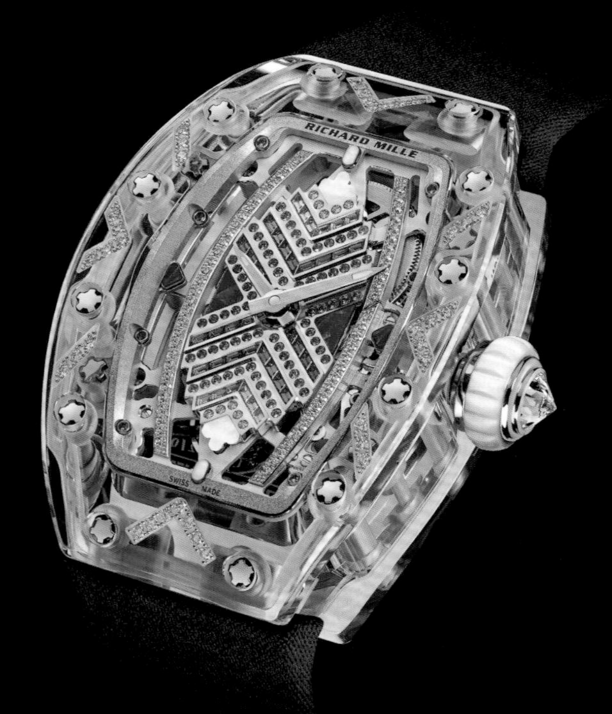

RICHARD MILLE RM 07-02藍寶石自動上鍊腕錶。

0 Oxygen 0 Oxygen
0 Oxygen 完全無氧

無氧封裝，因為錶殼內部零氧狀態可消除高海拔溫度劇烈變化時可能發生的起霧現象，且因為避免了氧化效果，機芯零件的運作壽命都會延長，可確保走時具備高準確度，為達到無氧狀態，錶款最後組裝的時候，是在充滿氮氣的箱子進行，讓腕錶內部充滿惰性氣體而排除掉氧氣的存在。

萬寶龍1858系列Geosphere世界時間零氧腕錶CARBO2限量款1969。

Attachment / Lugs Cornes
Anstöße 錶耳

錶殼的金屬延伸構造，通常從錶殼上下兩側延伸，以彈簧桿（spring bar）連接鍊帶（bracelet）或者其他材質錶帶。

錶耳作為錶殼的延伸，利用彈簧桿使錶殼與錶帶連接。

Back Fond Rückseite 底蓋

錶殼最底層的組件，常以金屬或者藍寶石水晶玻璃作為材質，通過後者能一窺機芯運轉。安裝樣式也很多元，有旋入式、按壓式、螺絲固定式或者是鉸鍊式防塵底蓋。

底蓋採藍寶石水晶玻璃的透明錶背。

Bezel Lunette Lünette 錶圈、錶框

錶殼上用來固定鏡面的金屬環，一般安裝在錶殼中層上。

Bicolor cases Boîtiers bicolores
Bicolor gehäus 雙色殼

以兩種不同顏色金屬製作錶殼，通常採用精鋼搭配 18K 金材質，如此一來既可降低成本，還能展現金屬色澤與質感，同時呈現出色彩對比的豐富層次。

泰格豪雅Carrera日期36毫米自動腕錶紅銅面雙色半金款。

Bubble back Fond bulle
Blasenförmige rückseite 泡泡背

勞力士蠔式錶殼改搭載恆動機芯後，因為加入自動上鍊系統而厚度大增，為不增加錶殼厚度，勞力士將底蓋製成圓弧形以容納增加的厚度，於是形成像泡泡般隆起的弧形錶背。

為了容納自動盤的厚度，早期勞力士的蠔式自動錶都是採用這種泡泡背底蓋。

按鈕通常位於錶殼側邊，根據錶殼風格造型各有不同。

Button Bouton Knopf 按鈕

英文也作 Push-button 或 Pusher，亦稱之按把、按鍵，通常安置在錶殼側邊，只要用手指按壓，即可啟動對應的功能，例如計時功能等。

卡地亞腕錶使用凸圓形藍寶石做為錶冠已成為傳統。

Cabochon Cabochon Cabochon 凸圓形藍寶石

從法文 caboche 衍生而出的詞，表示拋磨成圓形或橢圓形但沒有切割面的半寶石，有平坦的底部以及凸起的頂部。許多品牌都會使用這種寶石鑲嵌在錶冠上作為裝飾。

Case Boitier Gehäuse 錶殼

用來安置機芯、錶盤與錶鏡，以及保護其避免灰塵、濕氣和機械損傷的構造。由錶圈、錶環以及底蓋所組成。

隱藏式按鈕通常設於錶殼側面。

Corrector Correcteur Korrektor 校正鈕

又稱隱藏式按鈕，隱藏於錶殼側邊，需要通過尖銳的調校棒按壓，才能夠調校特定功能。

勞力士腕錶上的錶冠均鐫刻品牌標誌性皇冠符號。

Crown Couronne Krone 錶冠

又稱為龍頭，通常位於腕錶三點鐘方向，是用來上鍊、調校時間的按鈕。樣式相當多元，包括洋蔥式、齒輪形等，有些甚至會鑲嵌上珠寶來做裝飾。

沛納海專利的槓桿式錶冠護橋已成為品牌的獨特標誌。

Crown Protecting evice Pont protège-couronne Kronenschutzbrücke 錶冠護橋

腕錶設計中的一種保護裝置，以提升腕錶的防水性與耐用性，通常出現在潛水錶和運動錶款中。護橋的橋形結構能緊緊包覆錶冠，防止錶冠在日常佩戴或活動中意外受到撞擊或拉扯，從而確保腕錶的防水性能和耐用性。錶冠護橋最具代表性的設計來自沛納海 Luminor 系列，其錶冠護橋還設有一個槓桿機構，可將錶冠固定在位。

Helium release valve
Valve de décompression à hélium
Helium-Auslassventil 排氦閥

主要使用於潛水錶的裝置。因處於潛水減壓艙時氦氣會滲入錶內，在上浮過程中，錶殼內的氦氣便會隨之膨脹，當上升速度太快，即可能造成錶鏡爆裂，因此需要配備排氦閥，讓侵入錶殼內的氦氣能夠以手動或自動方式被排出，避免錶鏡破裂確保安全。

勞力士蠔式恆動Deepsea腕錶九點鐘位置的排氦氣閥。

One-way rotating bezel
Lunette unidirectionnelle
Einweg-Drehlünette
單向旋轉錶圈

常見於潛水錶上，用以掌握在水下的時間，僅能被單向旋轉，因此即使不慎誤觸錶圈，也只能縮短所顯示的剩餘潛水時間，從而保證安全。

單向旋轉錶圈是潛水錶的必備功能。

Screw-in back Fond vissé
Schraubbarer boden 旋入式錶背

又稱 Screw-down case back，也稱為旋入式底蓋。錶殼底蓋側邊刻有螺紋，可以像螺絲般緊緊鎖在錶殼上，用來防塵防水，或者阻隔可能侵蝕機芯的物質滲入錶殼裡。

浪琴Conquest 征服者系列潛水腕錶採旋入式錶背設計。

Screw-in crown Couronne vissée
Verschraubte Krone 旋入式錶冠

或稱為 Screw-down crown ，為高度防水而設計的特殊錶冠，錶冠以螺絲旋入錶殼內，調校或上鍊時需要反向旋出後再拉出錶冠，是潛水錶常見的設計。

雷達Captain Cook 庫克船長高科技陶瓷鏤空腕錶，配備旋入式錶冠，防水達300米。

3-2
錶盤部分

錶盤是指示時間最直接的部位，這個小節主要介紹的就是錶盤的組成，包括錶盤上的各種刻度代表的含義，如數字時標、鑲刻時標、脈搏刻度、測距刻度等，指針種類如太子妃式、巴頓式等，以及錶盤上的副錶盤和錶鏡的介紹。

百年靈Superocean Automatic 46 Super Diver超級海洋自動機械46超級潛水員腕錶。

Alpha hands Aiguilles Alpha Alpha-Zeiger 劍形指針

指針輪廓形似寶劍，有著由細到粗的尖銳菱形輪廓，指針尾端接近軸心部分則縮至窄短。

康斯登百年典雅日曆自製機芯腕錶採用劍形時分指針。

Aperture Fenêtre Blende 視窗

錶盤上開設的小窗口，用來顯示各種功能，有別於指針的指示方式，創造出不同美學和編排風格。

用以顯示日期的獨立視窗。

Applique Applique Applique 鑲刻

通過鑲嵌的工序，將金或鑽石固定在錶盤上，作為凸起的數字或時標。

Arrow hands Aiguilles Flèche Pfeilzeiger 箭形指針

指針尖端造形如同弓箭的箭頭般突出，中段至尾端則漸寬形似弓箭尾羽而得名，又稱闊箭形指針。

箭形指針。

Baton hands Aiguilles bâton Batonzeiger 巴頓式指針

外形像棒子，如果根據其英文發音，也可以翻譯成巴頓針。這是一種極簡練的指針，直線設計，線條清晰，沒有繁瑣和花俏的修飾，讀取時間十分方便。

巴頓式指針。

Breguet hands Aiguille Breguet Breguet-Zeiger 寶璣針

寶璣針是寶璣先生於 1783 年設計的，這種指針的特點有兩個：其一，它是通過高溫燒製成色的藍鋼指針；其二，指針的末端 1/3 處有鏤空的圓形，其實它是偏心月的造型。這個小小的設計在當時並不起眼，卻沿用了兩百多年，並一直保持著絕對的經典地位。

寶璣Classique 9068珍珠母貝腕錶，採用了經典的寶璣針。

先透過指針和太陽判斷方位，再調整羅盤刻度確定方向。

Compass ring Bague de compas Kompassring 羅盤刻度

裝於面盤外圍，印有方位與角度。透過指針和太陽判斷方位後，再轉動錶冠調整羅盤刻度設定方向。

勞力士 Perpetual 1908腕錶的冰藍色穀粒紋錶盤。

Dial Cadran Zifferblatt 錶盤

以金屬為底的面板，通過錶鏡能讀取面板上的時間指示，包括小時、分、秒刻度等。一般以黃銅作為錶盤材質，不過也有全部以金打造而成的黃色、藍色放射狀或鑲嵌寶石的款式；也有些高級錶會花費大量的心思來裝飾，採用電鍍、雕花、雕刻交錯的格狀飾紋、彩繪、金屬化，甚至鑲嵌寶石或者塗上琺瑯等方法裝飾等。

Hand Aiguille Zeiger 指針

用以指示時間的薄形金屬片，形式變化很廣，包括甲蟲針、火鉗針、寶璣針、柳葉針、錨形針以及路易十五式指針等。

時標搭配指針用於指示時間。

Hour marker / Index Index Stundenmarkierung/Index 時標

在錶盤上顯示時間細節的符號，以各種樣式呈現，尖形、圓形甚至是繪製的扁平形，或者是利用浮雕讓時標凸起的樣式等，皆因其位置不同代表了對應的時間數字。

柳葉形指針有著圓潤的線條。

Leaf hands Feuille Blatt-Zeiger 柳葉針

指針兩側輪廓有著如柳葉般的細長弧度，通常多被用於正裝斯文的錶款，也常見於女性腕錶。

棒棒糖指針通常多被用作為中央秒針。

Lollipop hands Aiguilles Lollipop Lollipop-Zeiger 棒棒糖指針

細長形的指針在尖端加上一個有螢光塗料的圓點，因形似棒棒糖而得名，通常多被用作為中央秒針。

Mercedes hands Aiguilles Mercedes Mercedes-Zeiger 賓士指針

通常用於時針上的設計，因其指針尖端的紋路與賓士汽車的三芒星標誌極為相似而得名。

賓士針因勞力士的蠔式腕錶而聲名大噪。

Minute track Piste des minutes Minutenskala 分鐘刻度

代表分鐘數的刻度，例如軌道式分鐘刻度。

軌道式刻度是分鐘刻度的經典之一。

Off-center dial Cadran décentré Dezentrales zifferblatt 偏心錶盤

又稱 Eccentric Dial，是一種時間顯示的設計風格。時間顯示並不位於錶盤中心，而是安置於錶盤一側的特定位置。這種設計不僅是美學上的選擇，還常用於突出某些功能，展示製錶的精湛技藝。偏心錶盤設計通常出現在高端腕錶中，如朗格旗下的 Lange 1 系列便是偏心顯示錶盤的代表作品。

朗格的 Little Lange 1腕錶，偏心錶盤佈局。

Pulsometer Pulsomètre Pulsmesser 脈搏計

具有脈搏刻度的計時碼錶，外圈刻有 PULSATIONS（PULUS）以及脈搏每分鐘跳動次數的刻度。

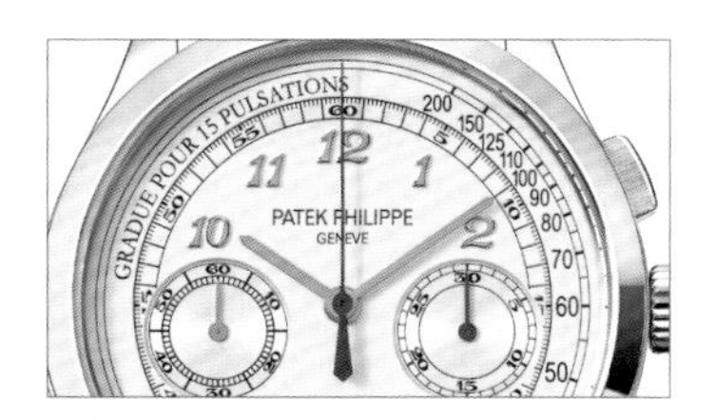

百達翡麗5170G-001計時碼錶具有脈搏計功能。

Sandwich dial Cadran Sandwich Sandwich-Zifferblatt 三明治式錶盤

是一種特殊的錶盤結構設計，由上下兩層面盤組成：上層面盤上刻有數字或時標的開孔，下層則塗有夜光材質。這樣的結構讓夜光物質透過上層的開孔顯示出來，增加了讀時的清晰度與立體感。由於其結構類似於三明治的夾層設計，因此得名。

沛納海廣泛採用三明治面盤於錶款設計。

朗格Datograph大日曆計時萬年曆陀飛輪「Lumen」腕錶18K蜂蜜金款擁有半透明錶盤。

Semitransparent dial coating Revêtement de cadran semi-transparent Halbtransparente zifferblattbeschichtung 半透明錶盤塗層

朗格為藍寶石水晶玻璃錶盤覆上一層特別的半透明物料，它僅容許高能量紫外光和部分可見光穿透塗層，憑此技術，紫外線可讓夜光塗層吸取發光能量，使得半透明錶盤得以呈現夜光顯示。此外增添朦朧之美的半透明錶盤，亦可同時保證絕佳的讀時效果。

Small second hand Petite seconde Kleine Sekunde 小秒針

並非位於面盤正中央的秒針指示即稱為小秒針。

SPEAKE MARIN腕錶採用黑桃形指針已成品牌的標誌性特色。

Spade hands Aiguilles piques Spatenzeiger 黑桃形指針

造形與撲克牌上的黑桃極為相似而得名，也稱心形指針。

朗格Datograph大日曆計時動力儲存指示腕錶的計分副錶盤位於3時位置。

Sub-dial Sous-cadran Hilfszifferblatt 副錶盤

位於主錶盤上的小錶盤，最多能有四個小錶盤同時存在，主要具有雙時區、計時、曆制等功能。

卡地亞Santos de Cartier Squelette Noctambule鏤空夜光腕錶在機芯錶橋覆蓋Super-LumiNova夜光塗層。

Super-LumiNova Super-LumiNova Super-LumiNova 夜光塗層

為日本化學製造公司 Nemoto & Co. 所研發的螢光漆，是一種不含放射物質的夜光塗料。並且由瑞士公司 Tritec（Super-LumiNova）製造生產，同時提供進一步發展，讓該物質能達到更亮的程度。這種螢光劑在太陽或人造光的照射下，亮度能夠延續達 10 小時，由於在感光以及發光的過程沒有發生任何化學作用，因此使用上沒有年限問題。

Sword hands Épée
Schwertt-Zeiger 劍形指針

與 Alpha hands 同為劍形針的一種，針身長，形如利劍，容易和鉛筆針混淆，但鉛筆針針身平直，而劍形針針身由窄漸寬。

卡地亞Santos de Cartier系列腕錶採用劍形針。

Syringe hands Aiguilles seringue
Spritzenzeiger 針筒形指針

造形與針筒十分相似，有著極細的針尖搭配較寬的長形指針。

有著極細的針尖搭配較寬的長形指針。

Tachymeter Tachymètre
Tachymeter 測速計

具有測量速度刻度的計時碼錶，當車輛行駛時按下測速按鈕，行經一公里後按下停止按鈕，計時秒針所指的刻度即為車輛的行駛時速。

朗格全新Datograph計速刻度採用了夜光設計。

Telemeter Télémètre
Telemeter 測距儀

用來測量距離的計時碼錶，能通過聲音來測量距離，例如在看到閃電時按下碼錶，聽到打雷時按停，便可從錶盤上指針停的位置瞭解距離的長度。其設計初衷是在戰爭時能方便推測敵軍炮火的距離。

萬寶龍1858 系列 Unveiled Timekeeper Minerva 限量款 100，灰色錶盤上標有測速儀與測距儀刻度。

Watch Glass Verre
Uhrglas 錶鏡（鏡面）

通常是一層薄透的玻璃，能夠透視直接讀取時間，同時對錶盤產生保護。有的錶盤底蓋也會覆上鏡面，讓機芯得以直接顯現。錶鏡材質多使用防刮的藍寶石，因此也稱之為藍寶石水晶玻璃。不過也有採用壓克力玻璃的款式，這種玻璃硬度大約在莫氏 3 至 4 左右，雖然較不耐刮，但也不太容易破掉，刮痕可以利用特殊的拋光膏消除。

勞力士附有小窗凸透鏡面的藍寶石水晶玻璃表面，能將日期數字放大2.5倍。

3-3
錶帶部分

錶帶的種類繁複，這個小節以介紹錶帶部件為主，並且輔以各式錶扣樣式，再加上特殊的延伸裝置，包括潛水錶帶延展裝置，得以讓腕錶鍊帶依潛水衣厚度決定長短，並且方便安全使用，又如勞力士開發的簡易調整鍊帶系統，就算不使用工具，也能自行調整錶帶長度等關於錶帶的應用。

沛納海2024 年全新推出的金屬錶鍊採用創新「V 形」設計，從錶殼到錶扣逐漸收窄，佩戴感受更舒適輕盈，相當適合日常使用。

Bracelet Bracelet métal
Bracelet 金屬鍊帶

以金屬材質製作的錶帶，通常是以一個個鍊節組裝而成，比起其他如皮革或橡膠材質錶帶而言，鍊帶更加堅固且經久耐用。可以通過增加或者減少鍊節，以達到最合適手腕的長度，通常搭配折疊或雙折疊帶扣，使用起來非常方便。

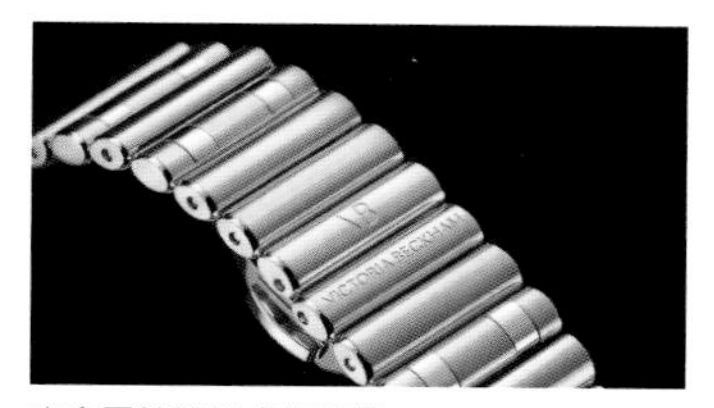
由金屬鍊節組成的鍊帶。

Buckle Boucle
Schließe 錶帶扣

錶帶當中用來穿戴與卸除腕錶的裝置，有些帶扣還附帶長度微調機構，所以是極為重要的裝置。帶扣多數以精鋼或者貴金屬製成，樣式也相當多元，包括針扣、暗扣、折疊扣以及雙折疊扣（蝴蝶扣）等。

愛馬仕Nantucket系列配備的條鍊狀錶帶。

Chain bracelet Bracelet en chaîne
Gliederarmband 條鍊狀錶帶

利用逐一連結的金鍊所連接起來的錶鍊帶。

Easylink Easylink
Easylink 易調鍊節

勞力士開發的簡易調整鍊帶系統，於 1996 年獲得專利。透過此系統可加長錶帶約 5 毫米，該裝置由一段鍊節組成，可輕鬆拉出或摺回，便捷地調節錶帶長度，同時又可巧妙地摺疊隱藏在帶扣下。

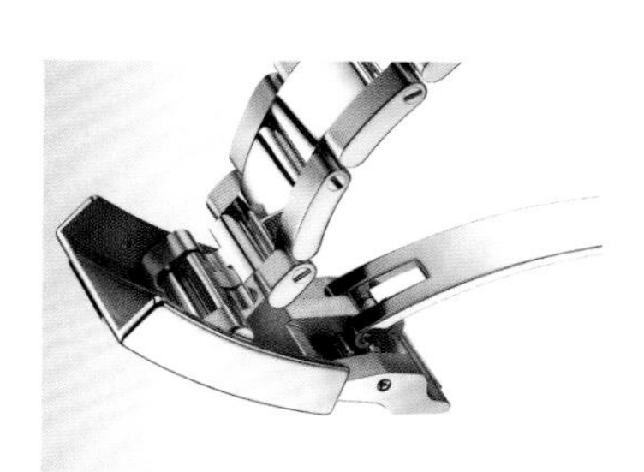
勞力士Easylink專利鍊帶調整裝置，可將錶帶靈活伸縮5毫米長度。

Folding clasp Boucle déployante
Faltenschließe 折疊錶扣

一種與針扣不同的錶扣形式，折疊並不會讓錶帶整個打開，而是利用打開鉸鍊鬆開錶帶，讓腕錶可以從手腕上取下，蝴蝶扣就是折疊扣的變形之一。

不用將整個錶帶鬆開，只要鬆開鉸鍊即可取下腕錶。

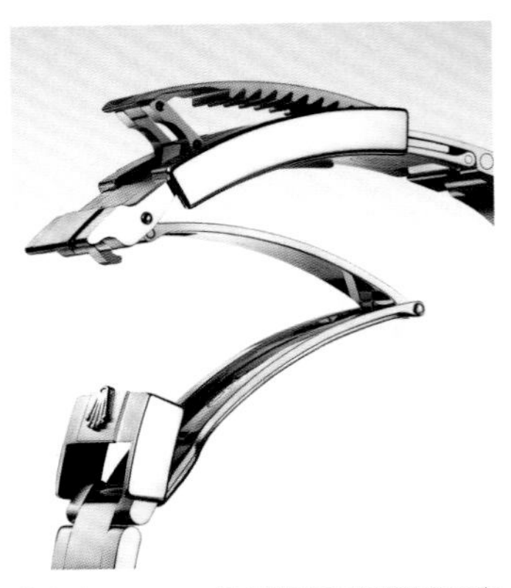
勞力士Glidelock錶扣微調系統能夠以2毫米為單位延伸，最多可延長達20毫米。

Glidelock Glidelock
Glidelock 潛水錶帶延展裝置

為了讓潛水腕錶便捷地佩戴在潛水服外，勞力士特地開發這個專門的錶帶延展裝置。這個創新系統，可以透過帶扣下的一個齒條，以每 2 毫米為單位微調錶帶長度，最長可延伸約 20 毫米，因此腕錶可以佩戴在厚達 3 毫米的潛水衣外。另外，專為 Deepsea 與 Sea-Dweller 4000 錶款使用的蠔式摺扣（Fliplock）伸縮鍊節可使錶帶延長 26 毫米。所以這兩款腕錶將勞力士 Glidelock 微調裝置和蠔式摺扣伸縮鍊節相結合，可以將腕錶舒適地佩戴在厚達 7 毫米的潛水服外。

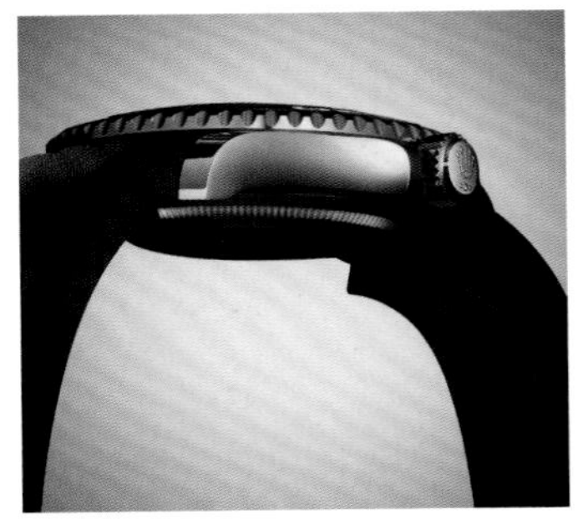
Oysterflex儘管看起來是橡膠錶帶，不過由於內部包覆著金屬片，因此亦相當穩固耐用。

Oysterflex Oysterflex
Oysterflex 勞力士專利錶帶

這款錶帶於 2015 年由勞力士研發並取得專利，其堅固可靠及防水性能更不比金屬錶帶遜色，配置於新款 Yacht-Master 腕錶。這款錶帶柔韌美觀且佩戴舒適，有如一條橡膠錶帶，然而其耐用程度則可媲美金屬鍊帶。它的高性能黑色橡膠內包覆著金屬片，持久耐用之餘佩戴亦非常穩固。為了佩戴更加舒適，Oysterflex 錶帶內配備專利縱向緩衝系統，使腕錶固定於手腕上，另外還搭配 18 ct 永恒玫瑰金蠔式保險扣，防止腕錶意外開啓。

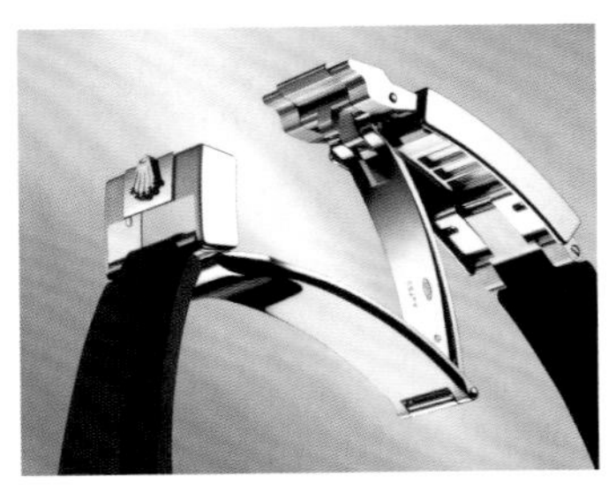
多一個安全環，便能降低腕錶鬆落的風險。

Oysterlock Oysterlock
Oysterlock 蠔式保險扣

是勞力士 2005 年推出的專利新式錶帶扣，它的雙重安全系統在錶扣緊密扣住後，再多扣上一個安全環，即使在最惡劣情況下，依然能防止錶扣意外鬆脫。

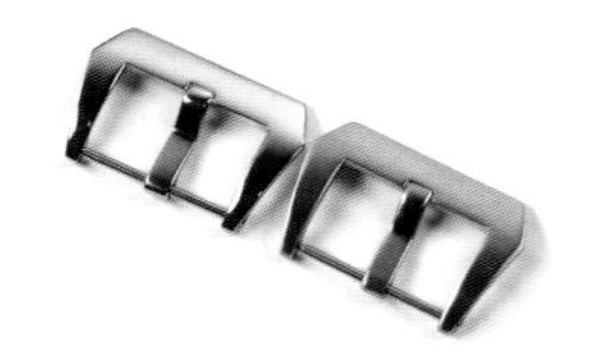
利用針扣搭配金屬環，就成了固定錶帶的裝置之一。

Pin buckle Boucle ardillon
Pin Dornschließe 針扣

以金屬製成的環狀或矩形扣環搭配固定用的扣針，用以固定錶帶的裝置之一。

QuickSwitch QuickSwitch
QuickSwitch 快速替換系統

卡地亞專利的錶帶快速替換系統，錶帶與錶殼合二為一的隱匿機構，佩戴者只需輕輕按壓錶帶或錶鍊下方，即可啓動替換系統，替換金屬、小牛皮或是鱷魚皮材質錶帶及錶鍊。

卡地亞獲有專利的錶帶快速替換系統QuickSwitch。

SmartLink SmartLink
SmartLink 金屬錶鍊調節系統

卡地亞獨家專利金屬錶鍊調節系統，無需借助工具，即可便捷地調節金屬錶鍊的長度。配備 SmartLink 的鍊節均安裝按鈕，將連接錶鍊的螺絲取出，即可輕鬆地將鍊節卸除或安裝上，令不使用工具即可更改金屬錶鍊尺寸成為現實。

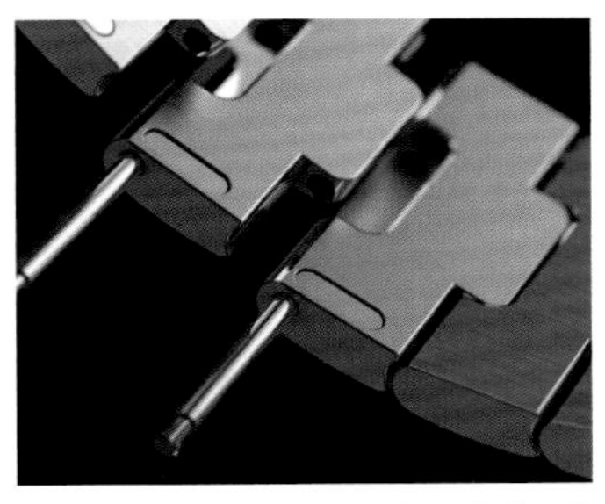

SmartLink系統可讓佩戴者無需借助工具便可輕鬆調節錶帶長度。

Spring bar Barrette à ressort
Federsteg 彈簧棒

也稱為生耳，是指借助兩個錶耳旁邊各一個小孔穿過錶帶末端，將錶帶與兩錶耳固定在一起的金屬細棒或彈簧裝置。高端腕錶幾乎都會使用與錶殼一樣材質的金屬來做為彈簧棒，因為一樣材質的錶殼與彈簧棒的磨損最小，這樣也能避免磨損造成彈簧棒與錶耳的鬆離，降低錶帶脫落風險。

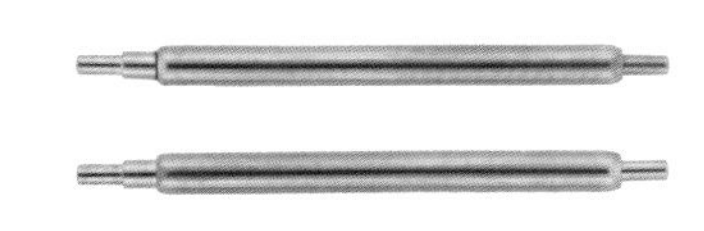

用來固定錶帶與錶殼的金屬棒。

Strap Bracelet Lederarmband 錶帶

將錶殼固定在手腕間的帶子，有皮革（牛皮、鱷魚皮、馬皮等）、橡膠以及金屬鍊帶等各種材質。

皮錶帶可以牛皮、鱷魚皮等不同材質製成，並透過不同顏色展現質感。

Tubogas Tubogas
Tubogas 煤氣管腕錶

受1930年左右工業排氣管設計形體所啓發的金屬錶帶工藝。1940 年代，寶格麗將錶盤與 Tubogas 錶鍊創新結合，成功打造出一款極具風格的 Serpenti 腕錶。隨後，Tubogas 工藝便廣泛應用於寶格麗腕錶、手鍊、項鍊和戒指設計領域上，成為寶格麗標誌性的設計之一。

寶格麗Serpenti Tubogas三色金腕錶。

Chapter 4
機芯原理

若將腕錶分為錶殼、錶盤和機芯等幾個部分，資深錶迷最在意的十之八九都是機芯。要懂得鑑賞機芯，勢必要先從機械錶運作原理開始入手。先了解動力如何產生，各大齒輪如何配置，以及擒縱系統如何從另一端控制發條釋放動力，接下來才能更深入探討何謂陀飛輪或如何啓動計時功能。而若是要瞭解一個品牌的製錶實力，也會先從基礎機芯切入，接著才深入到各項功能，進而瞭解全貌。換言之，機芯原理的重要性絲毫不亞於任何複雜功能。本章將機芯原理分為動力來源、調校機構、傳動輪系與擒縱系統四個部分，一步步帶你認識機芯中最基礎的原理、零件與功用。

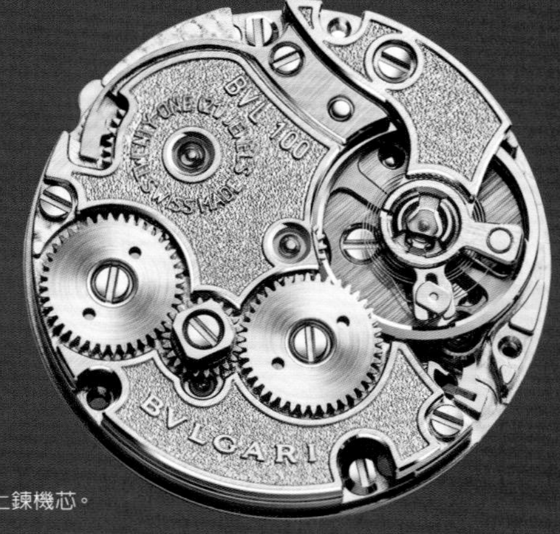

BVL100 Piccolissimo手動上鍊機芯。

Chronomètre Ferdinand Berthoud FB 2RE恆定動力精密時計所搭載的Calibre FB-RE.FC 手動機芯，具有圓錐輪及芝麻鍊恆定傳輸裝置及均等上鍊機制。

4-1
動力來源

動力系統是腕錶機芯的動力來源，涵蓋了將來自人的動能轉化成機械能的上鍊系統（winding system），以及負責儲存、傳送機械能的發條盒（mainspring barrel assembly）等兩個部分。

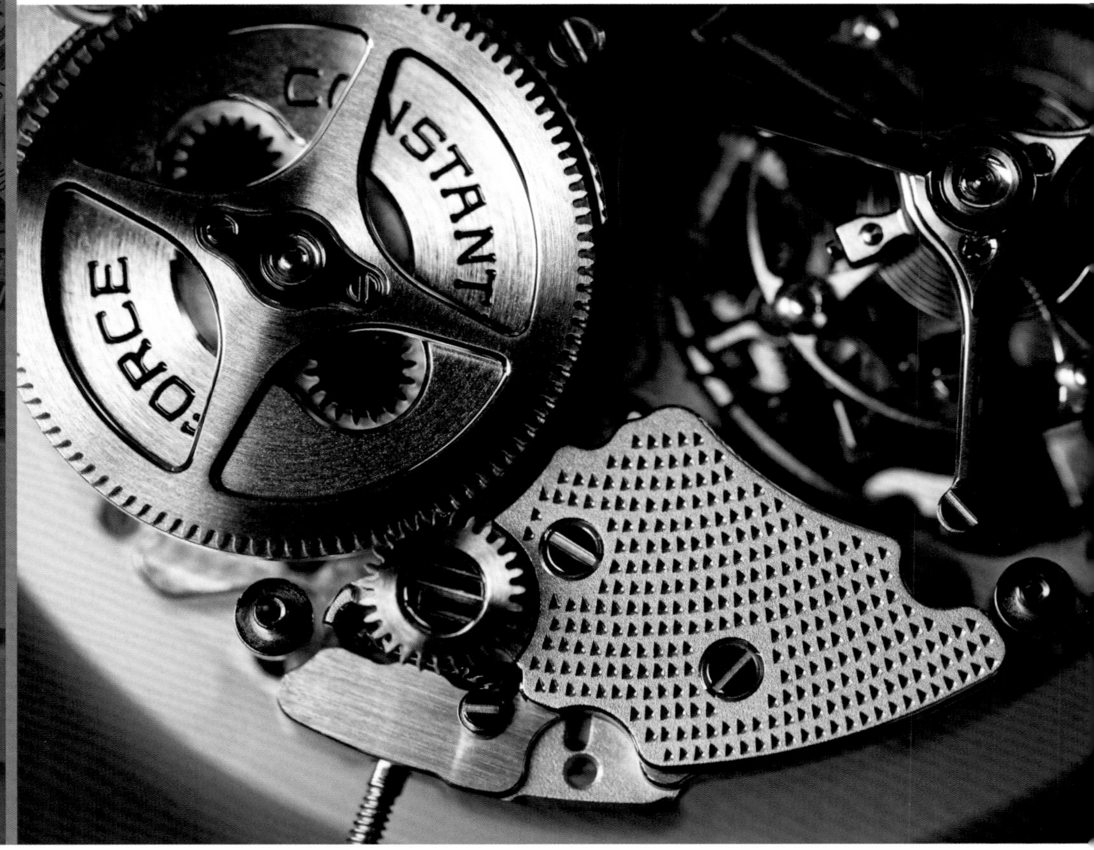

Barrel Barriet Federhause 發條盒

又稱發條匣或鍊盒，發條盒呈鼓形或圓柱形，內置捲成渦形的主發條。

發條盒，機械腕錶動力的主要來源。

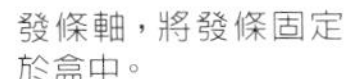

發條軸，將發條固定於盒中。

Barrel arbor Arbre de barriet Federhaus-Achse 發條軸

位於發條纏繞之中心點，呈方形的中心軸，用來上緊發條。

Barrel drum Tambour de barriet Federhaustrommel 發條鼓

發條盒側面，用以容納並圈住發條的部分。

發條鼓，容納並圈住發條之用。

Castle gear Roue de couplage Kupplungsrad 鼓車

位於機芯動力系統中，作為龍芯轉動帶動吉車的中介零件。當錶冠壓入時，鼓車便會和吉車連接，轉動錶冠即可為腕錶上鍊。

右邊擋住齒輪的不規則齒輪即為止逆棘爪，是發條蓄積能量的關鍵部件。

Click Cliquet Ratschenfalle 止逆子

又稱為發條擋，用來防止齒輪倒轉的棘爪或掣子，這種棘齒輪只準許發條輪朝單方向行走。錶在上鍊時發出的「噠噠」聲響，就是大捲車齒輪滑過止逆棘爪所產生的聲音。

Crown wheel Roue de couronne Kronenrad 小捲車

又稱小鋼輪、錶冠齒輪、冠輪。旋轉錶冠上鍊時，小捲車齒輪會受到吉車帶動，將力量傳遞至位於發條盒上方的大捲車，然後為發條上鍊。

右邊的鋼質齒輪即是小捲車。

Eco-Drive光動能由CITIZEN開發，透過吸收自然光轉為電能，為機芯帶來動力。

Eco-Drive Éco-Drive Eco-Drive 光動能

一種由 CITIZEN 開發、通過吸收自然光或人造光源轉化為電能的技術。不同於傳統石英手錶需要定期更換電池，光動能手錶在有光的環境下能夠持續充電，具有環保和便利的特點。光動能技術也被其他一些手錶製造商採用，用於提升手錶的續航能力和減少對環境的影響。

FERDINAND BERTHOUD以創新的均力圓錐輪，改良了傳統將芝麻鍊繞上的圓錐體寶塔輪。

Fusee Fusée Fusée 寶塔輪

有螺旋溝槽，可將芝麻鍊繞上的圓錐體，作用是藉由寶塔輪多種大小直徑的齒圈，平均輸出發條的動力。

Fusée chain Chaîne de fusé Fusée-Kette 芝麻鍊

看起來像微型的腳踏車鍊，可連接發條盒與寶塔輪。因其結構微小如芝麻，故俗稱為芝麻鍊。主要作用在於使發條動力輸出更加平穩。當發條動力飽滿時，芝麻鍊會連動寶塔輪上層直徑較小的齒圈，避免輸出過大動力。而動力越來越少時，芝麻鍊則連動下層較大齒圈，以加強效率。

芝麻鍊結構與腳踏車鍊相似。

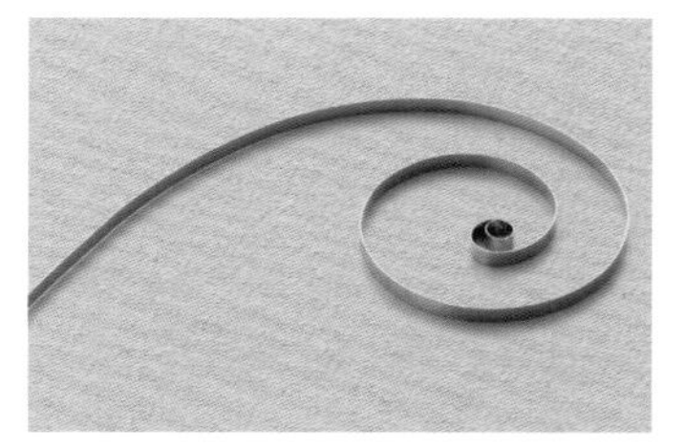
主發條，以彈性鋼製成。

Main spring Ressort principal Hauptfeder 主發條

發條是腕錶的動力源泉，如今通常以 Nivaflex 合金為材質。上鍊時發條逐漸旋緊，隨後彈力促使發條鬆開以釋出力矩，從而為輪系的運轉提供能量。

主輪，俗稱一番車，與發條盒融為一體。

Main wheel Roue principale Hauptrad 主輪

又稱一番車，與發條盒同為一體，通常在發條盒底層。發條釋放張力時，首先便會推動主輪，再由主輪帶動之後的傳動輪系。

Maltese cross Croix de Malte Malteserkreuz 馬耳他十字

防止發條盒被過度上鍊的截停裝置零件之一。此外，江詩丹頓亦以此作為品牌標誌，後又推出了同名系列的錶款。

用於截停過度上鍊的馬耳他十字零件。

Mysterious rotor Rotor mystérieux Mysteriöser rotor 神秘擺陀

卡地亞設計的9801MC型機芯，其結合擺陀功能的設計，能夠避免地心引力對走時的影響。這款機芯在卡地亞製錶工作坊內設計、研發、製作及組裝，已申請專利。機芯中央設有借鑑自汽車製造業的高精密差動系統，避免擺陀帶動時間顯示。這一創新機制隨著佩戴者的動作運行，並以懸空漂浮的指針顯示時間的軌跡。

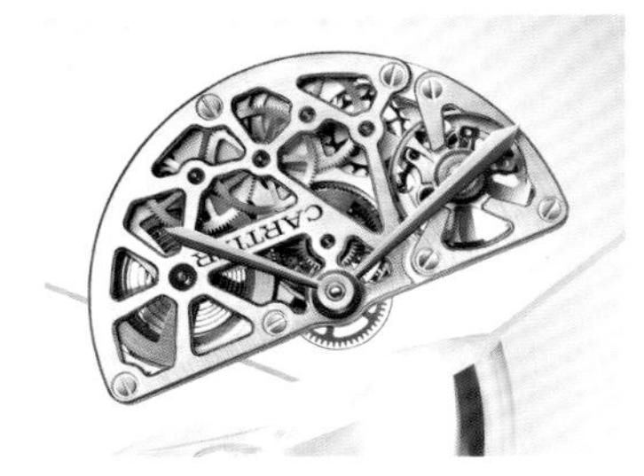

卡地亞9801MC機芯結合了卡地亞兩大標誌元素：神秘機芯與鏤空設計。

Ratchet wheel Roue à cliquet Ratschenrad 大捲車

又稱大鋼輪或棘輪，是與發條盒同軸的齒輪，通常位在發條盒上層與小捲車相連，因此當大捲車受小捲車帶動時，便會同時捲動發條盒內的發條，將動力儲存在其中。

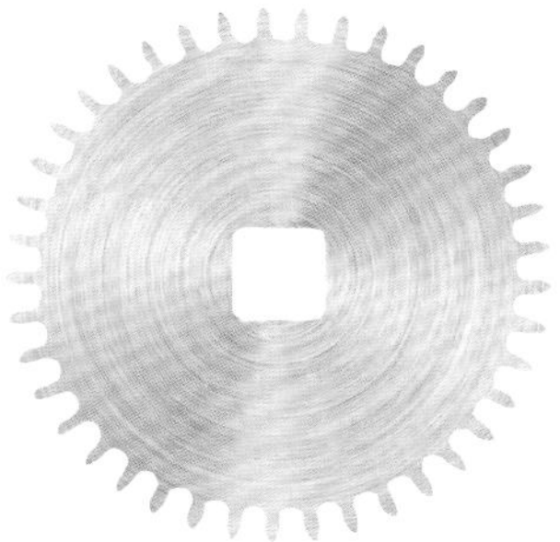

大捲車，上發條時帶動發條的捲動。

Slipping spring Ressort glissant Rutschfeder 滑動發條

當發條旋緊到極限時，因過度張力可能會受損。因此發條尾端不會被完全固定，而是設計一個片狀物的滑動式發條，當張力過大時，會時不時地向發條鼓內壁上的三個凹槽滑動。

Stackfreed Libération segmentée Stufenweise Freigabe 分段釋放

一種使發條力量均衡釋放的簡易裝置，在 16 世紀初德國紐倫堡所製造的最早期錶裡就有這個裝置，它使用一種彎曲的彈簧與凸輪，可使主發條不均衡的力量平均釋放。

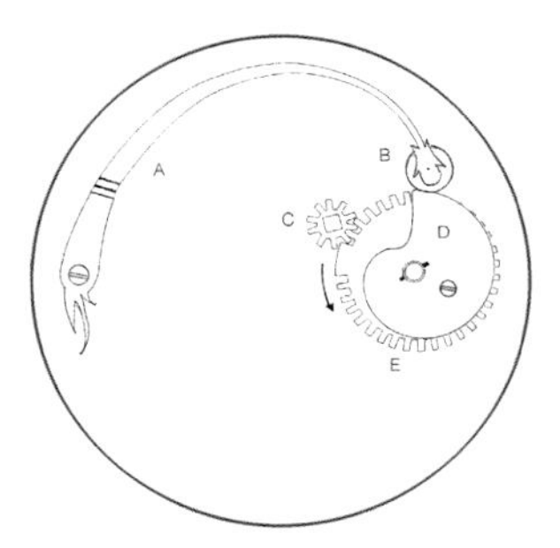

分段釋放，一種使發條力量均衡釋放的裝置。

4-2
調校機構

調校機構可以說是機械錶之所以能夠開始運作的源頭，更是佩戴者與腕錶接觸最頻繁的部分。通過調校機構，不僅能為錶上鍊或調整時間，更可以在操作過程中細細品味上鍊的噠噠聲，體會那份與腕錶交流的情感。

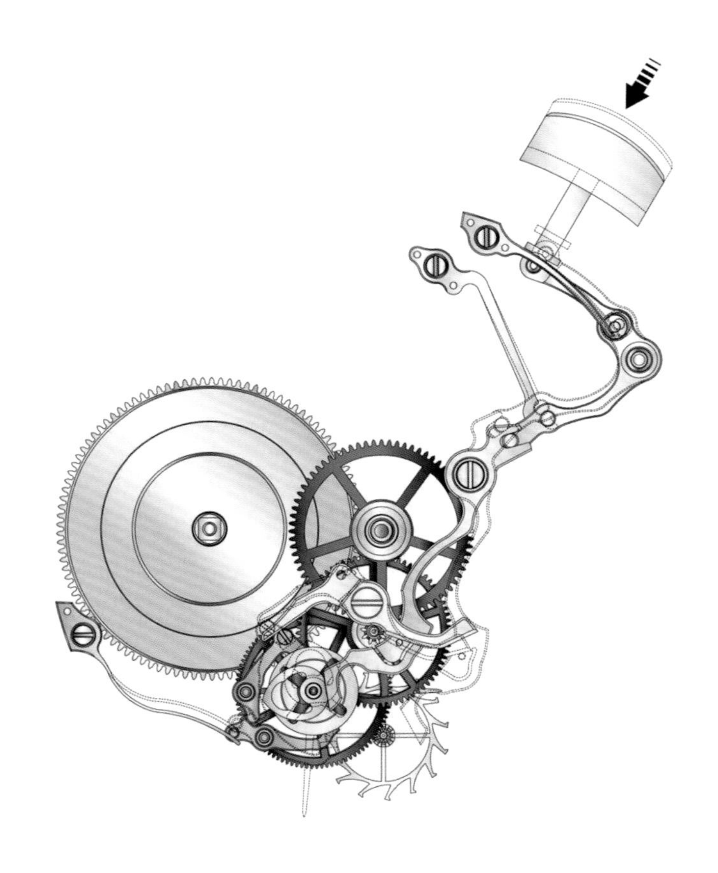

Setting mechanism
Mécanisme de mise à l'heure
Einstellmechanismus 撥針系統

最早的鐘錶調校機構必須以額外的鑰匙調整指針，撥針系統則可直接通過錶冠調整，因為不必再以鑰匙調整，又稱為 keyless。

Stem Tige Spindel 龍芯

又稱上條柄，錶冠與調校機構間的連接裝置，龍芯上串有吉車和鼓車，拉動龍芯會使兩者相對位置改變，藉以切換調校功能。

上條柄，多半兼具調校與上發條的功能。

Stopwork Stoppage de secondes
Anschlagwerk 截停裝置

以棘爪扣住大捲車的裝置，主要作用在於避免發條被過度上鍊，並可讓發條張力均衡地釋放。常見的截停裝置可分為馬耳他十字形與日內瓦截停裝置。

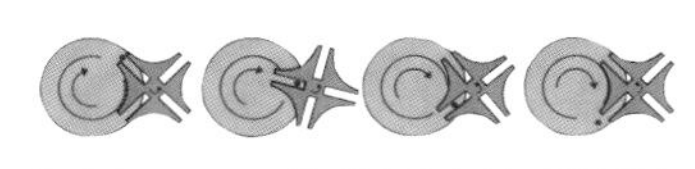

截停裝置，避免發條被過度上鍊，並能穩定釋放能量。

Winding pinion
Pignon d'enroulement
Aufzugsritzel 吉車

在調校機構中，受鼓車嚙合後，帶動小捲車轉動的小型齒輪。

吉車，在鼓車與小捲車之間傳遞能量。

Zero-Reset Zero-Reset
Zero-Reset 歸零裝置

此裝置首次出現於朗格在 1997 年推出的 SAX-0-MAT 型自動上鍊機芯。內置的歸零裝置，於錶冠拉起時掣停擺輪，秒針即時歸零。此裝置還應用於 1815 Tourbillon 陀飛輪腕錶，將停秒跟秒針歸零首次裝置在複雜的陀飛輪身上，不但解決了長久以來陀飛輪無法精確對時的問題，同時展現出朗格錶廠之精湛製錶技藝。往後的錶款中，歸零裝置採用獨立模組設計，附設由多個圓盤組成的離合器，使秒針在突然的振盪或反彈中仍能平穩運作。

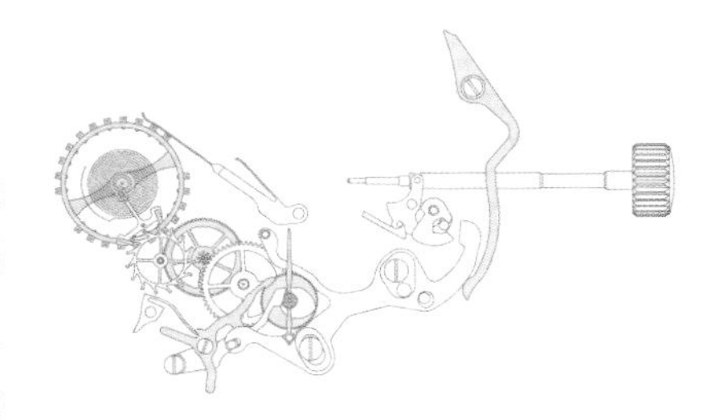

朗格的歸零裝置結構。

4-3
傳動輪系

傳動輪系是指在機芯內受發條動力驅動的多組齒輪。由中心輪（或稱「二番車」，center wheel）、第三輪（三番車）及秒針輪（四番車）構成，用於傳送動力和分割時間。當發條開始釋放動力時，其末端會推動主輪（main wheel）開始轉動，接著帶動傳動輪系。傳動之順序為中心輪、第三輪、秒針輪，最後抵達擒縱輪，並連接後續的擒縱裝置。此外，可供佩戴者閱讀時間的指針也是由傳動輪系所驅動。

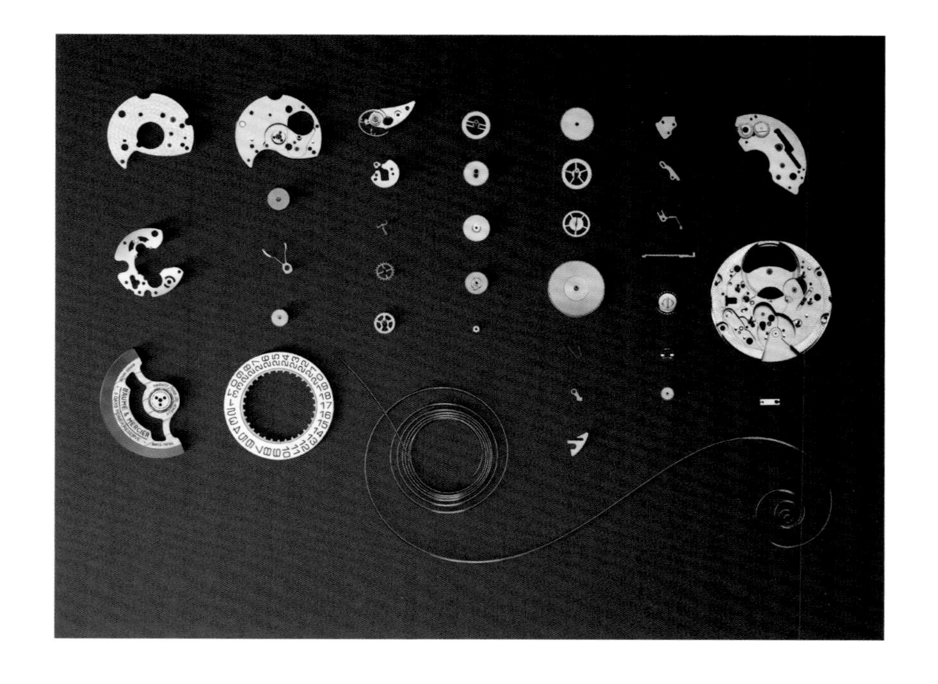

Center wheel Roue centrale Mittleres rad 中心輪

又稱二番車，以 60 分鐘一圈的速度運轉，在中心輪放置分針的軸桿，作為帶動分針的齒輪。

中心輪，俗稱二番車，帶動分針的齒輪。

Fourth wheel Quatrième roue Viertes rad 秒針輪

又稱四番車，是帶動秒針的齒輪。

小的實心的齒輪稱為pinion。

Pinion Pignon Ritzel 小齒輪

英文中，較大的齒輪稱為 wheel，小的實心的齒輪稱為 pinion。

Safety pinion Pignon de sécurité Sicherheitsritzel 安全齒瓣

中心輪的齒瓣，在主發條斷掉時，安全齒瓣可鬆開螺釘，避免中心輪的輪齒被主發條的強大力量破壞。

裝置在中心輪軸芯上的安全齒瓣。

Third wheel Troisième roue Drittes rad 第三輪

又稱三番車、過輪，主要作用在於變速，作為中介調整分針輪與秒針輪之間的轉速差異之用。讓分針輪的動力傳遞到秒針輪時得以 60 秒一圈的速度運轉。

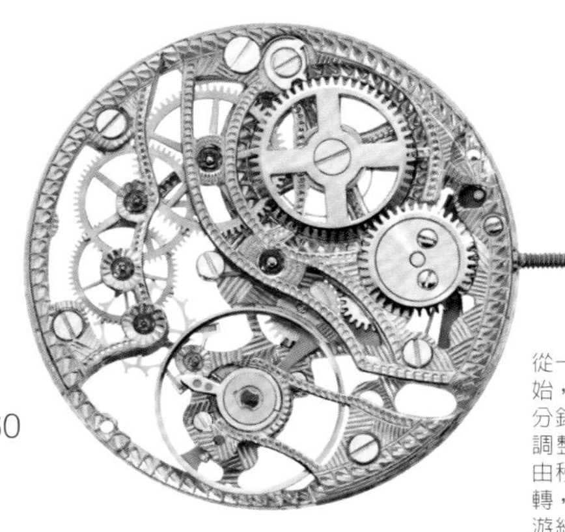

從一點鐘位置銀色的一番車開始，先帶動玫瑰金色的二番車分針輪，並以三番車做為中介，調整四番車秒針輪轉速。最後由秒針輪推動五番車擒縱輪旋轉，進而讓六時位置的擺輪與游絲運作。

4-4
擒縱系統

擒縱系統是由擒縱機構和振動機構兩部分組成，其中擒縱機構由擒縱叉（pallet-lever）和擒縱輪（escapement wheel）所組成，振動機構則以游絲（hairspring）與擺輪（balance wheel）為主體。當擒縱輪受到秒針輪撥動，會跟著勾動擒縱叉，進而推動擺輪旋轉。擺輪開始旋轉後，便會帶動游絲收縮與伸展。而游絲每一次伸展與收縮都將再帶動擺輪擺動，而此頻率也將再經由擒縱輪回傳至傳動輪系。其作用是將來自傳動輪系的動力切割為穩定的頻率，是鐘錶機芯中專門負責控制走時精準度的核心組件。

Amplitude Amplitude Amplitude 擺幅

指游絲張縮讓擺輪擺動的角度。測量的是靜止時的位置到游絲延伸到極限時，擺輪擺動的角度。

Anchor escapement Échappement à ancre Ankerhemmung 錨形擒縱器

約 1657 年由英國人 Robert Hooke 發明，因其擒縱叉狀似船錨而得名。其作用在於讓時鐘之鐘擺只在很短的圓弧上擺盪，藉以維持固定的頻率。配備這種附有錨形擒縱器的座鐘每星期誤差僅有數秒。

錨形擒縱器，因其擒縱叉狀似船錨而得名。

AP escapement Échappement AP AP-Hemmung 愛彼擒縱系統

愛彼以 Robert Robin 在 18 世紀末構思的機制為基礎，結合衝擊式擒縱與槓桿式擒縱之特性，設計出將擒縱輪接收的動力直接傳導至擺輪的獨家擒縱裝置，機芯無須上油潤滑，最初裝載於愛彼旗下錶款八大天王五號，亦曾搭載於 RICHARD MILLE 的 RM 031 錶款中。

RICHARD MILLE RM 031配備AP擒縱裝置，振頻每小時36,000次。

Auxiliary compensation compensation auxilaire Hilfskompensation 輔助性補償

將額外的補償裝置加入雙金屬的擺輪中以減少中間溫度誤差。常用在航海天文台時計中。

Balance-cock Pont de balancier Unruhkloben 擺輪夾板

又稱為擺輪橋板（balance bridge），作用是固定整組擒縱系統。為了讓擺輪運轉可以顯露出來，形狀與一般夾板頗為不同。

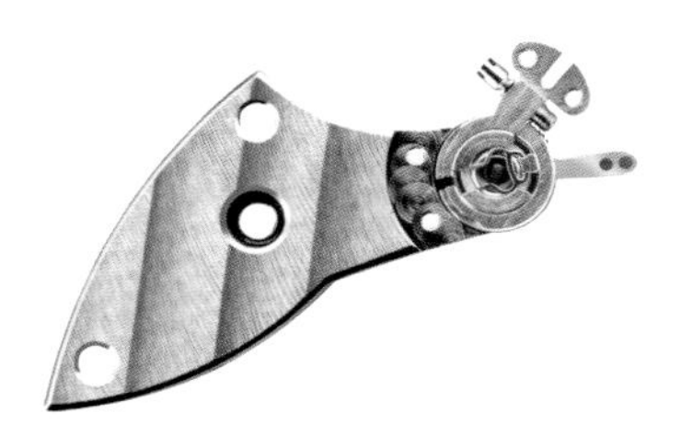

擺輪夾板，固定整組擒縱系統。

平衡擺輪，或簡稱擺輪，控制能量釋放的速率。

Balance-wheel Balancier
Unruhrad 平衡擺輪

或簡稱擺輪，會往返擺動，中央以軸臂做為支撐的輪。擺輪與螺旋狀游絲連動，接受來自擒縱叉的動力後，擺動進而造成游絲縮張，主要作用是控制主發條動力釋放的速率。

寶璣式游絲，末端向上並往內彎為其特點。

Breguet balance-spring
Spring Breguet
Breguet-Blance-Feder 寶璣式游絲

18 世紀的製錶師大規模嘗試製造各種游絲，包括螺旋形、圓錐形和球體形游絲，以便讓擺輪能有等時性的振幅。其中以 1795 年由寶璣所發明的上繞式游絲（overcoil hairspring）最為人所熟知。其設計是將圓柱形直筒式游絲，改良成游絲末端向上並往內彎曲的雙層游絲，最大優點是讓游絲有更多膨脹和收縮空間。由於游絲末端向上往內彎曲，較接近軸心的位置，讓軸心的受力點均勻，故而提高等時性。

Chinese duplex escapement
Échappement duplex chinois
Chinesisches Duplex-Hemmung
中國雙聯式擒縱

又稱為蟹爪輪，是具有雙重鎖定齒牙之雙聯式擒縱器，每一次入石和出石都需要兩次完整的平衡振動。裝配此種雙聯式擒縱的錶會逐秒跳動。

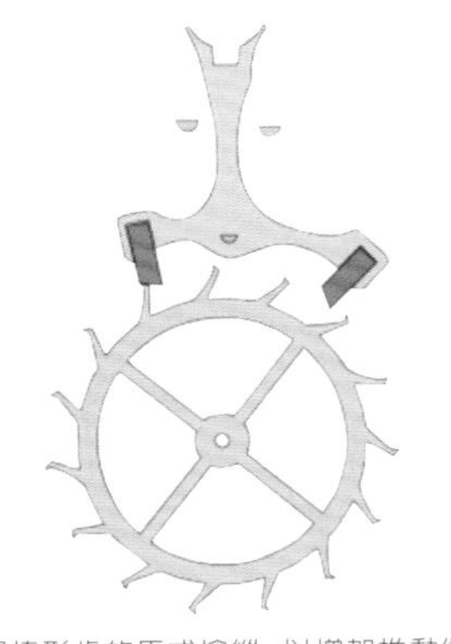
具棍棒形齒的馬式擒縱，以增加推動衝力的平面。

Club-toothed lever escapement
Échappement de Marius
Keulenverzahnte niveauhemmung
具棍棒形齒的馬式擒縱

有些擒縱輪具有特殊設計以增加「推動衝力的平面」。這種一端較粗大的棍棒型齒設計在馬式擒縱輪齒的尖端。此類擒縱又被稱為瑞士馬式擒縱（Swiss lever escapement）。

Co-axial escapement
Échappement co-axial
Koaxiale hemmung 同軸擒縱裝置

由英國製錶師 George Daniels 發明，並在 1999 年時將此設計出售給瑞士製錶品牌歐米茄，如今已大量使用於歐米茄旗下錶款。與傳統槓桿式擒縱不同，同軸擒縱的擒縱輪分為上下兩層，且共享一個軸心，因此稱為同軸擒縱。此設計讓擒縱輪直接衝擊擺輪，不僅接觸面積較小，摩擦力也更少，大幅降低了擒縱裝置的磨損率，因此延長了保養維修時限。

同軸擒縱裝置，大量使用於歐米茄旗下錶款。

Compensation balance
Balancier à compensation
Kompensationsunruh
截斷式雙金屬補償擺輪

懷錶時代，為了應對溫度變化對游絲工作長度的影響，英國人發明了截斷式雙金屬擺輪。這種擺輪邊緣由黃銅包覆在鋼上，當溫度上升時，黃銅外緣膨脹係數較高，擺輪因其環圈的截斷口向內彎曲，有效半徑縮小所以轉速加快，以此抵消游絲因溫度上升而變慢的情況。後來隨著材料學的發展，這種擺輪逐漸消失在了歷史長河中。

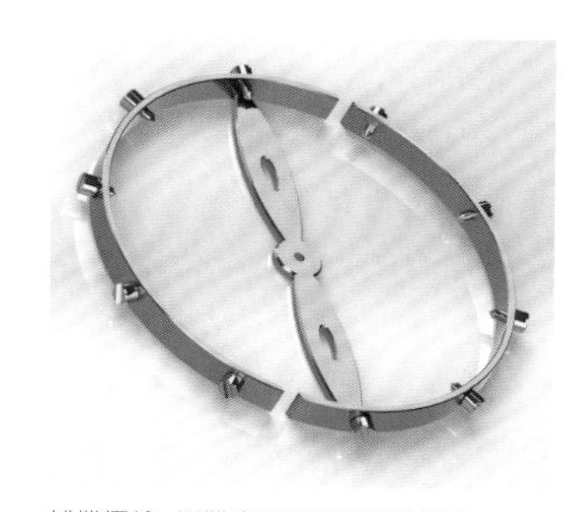
補償擺輪，以雙金屬來克服溫差變化。

Constant-Force Escapement
Remontoir
Konstantkraft-Hemmung
恆定動力擒縱系統

用於穩定主發條釋出動力的穩定性，避免走時因動力變化而忽快忽慢。恆定動力裝置便是為了將來自於發條的動力平穩傳送至擒縱機構，不同品牌設計各有不同，以朗格運用於 ZEITWERK 錶款中的專利恆定動力擒縱系統為例，不僅可為擒縱輪提供穩定動力，還蓄積切換動力用以推進跳字顯示。同時確保擺輪不論腕錶上鍊裝置狀態為何、切換程序如何耗費能量，皆由恆定能量所驅動，保持速率穩定。

朗格Zeitwerk腕錶18K玫瑰金款。

搭載於朗格Zeitwerk腕錶中具恆定動力擒縱系統的L043.6型手動上鍊機芯。

Curb pins Aiguille de blocage Kandelaber 阻擋針

位於擺輪上的微調裝置，是兩支夾住游絲的小針，實際作用是調整游絲的長度以改變走時速率。

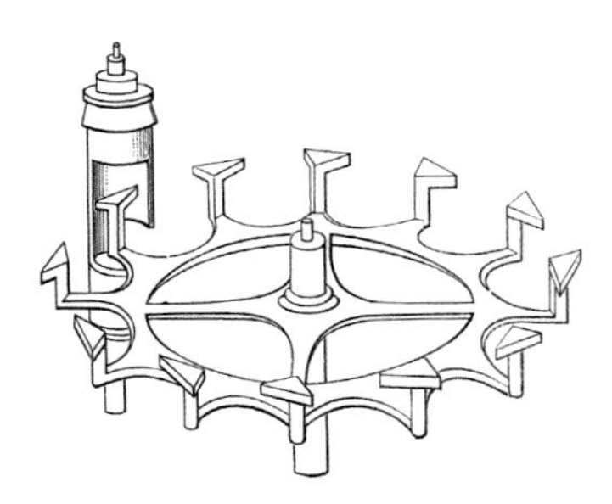

工字輪式擒縱，中空圓柱體被裝置在擺輪軸心上。

Cylinder escapement Échappement cylindrique Zylinderhemmung 工字輪式擒縱

由英國製錶師 George Graham 在 1726 年發明。一中空圓柱體被裝置在擺輪的軸心上，從而使得整個擒縱看來就像中文的「工」字。擒縱輪的齒銜接到此一套管的開口，早期腕錶中可見，但如今已走入歷史。

萬寶龍圓柱游絲陀飛輪Geosphères Vasco da Gama限量款腕錶，擒縱結構配以帶雙菲利浦曲線的筒狀游絲。

Cylindrical hairspring/Helical hairspring Ressort spiral hélicoïdal Spiralförmige spiralfeder 筒狀游絲（螺旋形游絲）

以螺旋形纏繞的一種游絲形態，多用在天文台錶。又稱為直桶式游絲或圓柱游絲。

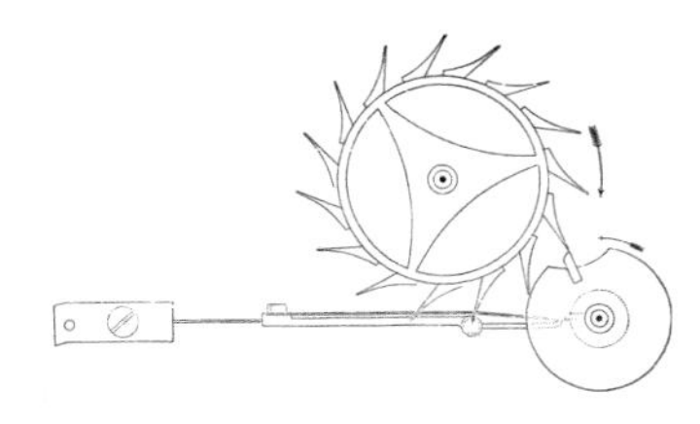

衝擊式天文台擒縱，由擒縱輪以衝擊方式單方向推動擺輪。

Detent escapement Échappement à détente Detent-Hemmung 衝擊式天文台擒縱

專門用在天文台錶。該結構是由擒縱輪以衝擊方式單方向推動擺輪，也就是說，衝擊式天文台擒縱的擒縱輪是會先有個鎖住的動作再被開啓，進而釋放能量，其優勢在於能大幅提升鐘錶走時穩定性。早期船上使用的天文台鐘，因允許的最大誤差每日僅為一秒，所以也都使用這種擒縱結構。

Differential Différentiel
Differential 差速器

常見於擁有兩個或兩個以上擒縱系統的腕錶中，如雙陀飛輪腕錶。此類機芯的兩套擺輪游絲、輪系運作上會因些許差異而造成轉速不同，差速器可從轉速較快的一側吸取能量，並通過齒輪傳遞給轉速較慢的一側，維持轉速平穩。

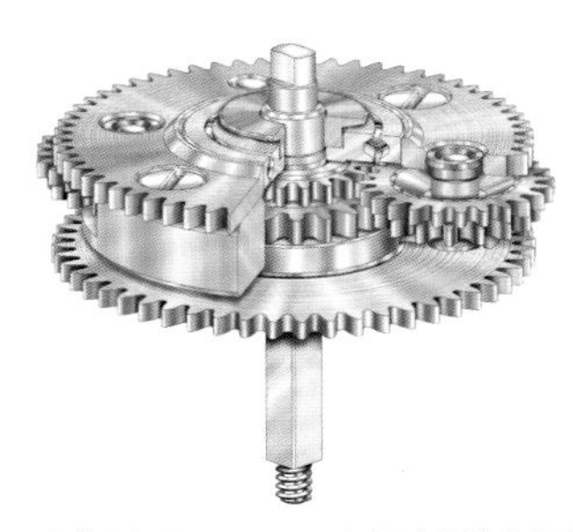

百達翡麗用於Ref.5175大師弦音腕錶裡的差速器。

Double roller
Double disque orientable
Doppelte rolle 雙層定向游盤

指同時具有一個衝擊游盤與一個安全游盤，即具有兩個游盤的錶。

Duplex escapement
Échappement duplex
Duplex-Hemmung 雙聯式擒縱

指擒縱輪具有長與短兩組輪齒，一組用於鎖定，另一組用來推進擒縱叉。此設計功用在於提高走時穩定性，但必須準確計算與精細切割才能達到目的，製作相當費工。

雙聯式擒縱，具有長短兩組輪齒，提高走時穩定性。

Elinvar Elinvar
Elinvar 彈性不變游絲

這個字是由 elasticity invariable（彈性不變化）兩個字組合而成。游絲由特殊合金打造，包括鎳、鋼、鉻、錳與鎢等成分。這種游絲的優點是在不同溫度下，彈性一樣穩定。

Escape wheel
Roue d'échappement
Hemmungsrad 擒縱輪

又稱為五番車，用於連接傳動輪系中的秒針輪與擒縱系統中的振盪裝置，是控制發條動力釋放的重要齒輪。

擒縱輪，俗稱五番車，控制能量釋放的重要齒輪。

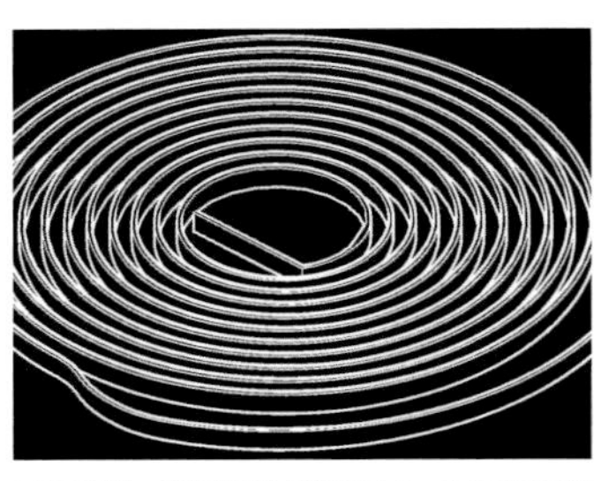
扁平游絲，意指游絲捲繞在同一平面的形態。

Flat balance-spring
Ressort de balancier plat
Flache unruhspirale 扁平游絲

又稱平捲式游絲或單層游絲，意味著游絲捲繞在同一平面上。由荷蘭裔物理學家惠更斯（Christian Huygens）於1675 年設計。

MB&F的LM Split Escapement Eddy Jaquet腕錶中央搭載懸浮擺輪。

Flying balance
Balancier volant
Aufgehängten Unruhen 懸浮擺輪

獨立製錶品牌 MB&F 的獨創設計，用經過仔細拋光打磨的大型擺輪支架支撐擺輪，讓擺輪懸吊在面盤上方呈現特殊視覺效果。

無卡度游絲。

Free sprung
Balancier sans ressort de sécurité
Frei gefedert 無卡度游絲

不具調節器與控制釘，即游絲不受調節器的影響，調速是藉調整擺輪上的螺絲來完成。

Frequency Fréquence Frequenz 頻率

指擺輪每秒中的震盪次數。頻率的單位是赫茲（Hz），一赫茲就是每一秒震動一次，即每秒轉動兩次。目前常見的機械鐘錶頻率多為三赫茲至五赫茲之間，石英錶則通常可達到三萬兩千赫茲。

鈹青銅合金擺輪，優點是非常硬且穩定、耐變形、防磁及防鏽。

Glucydur balance Balancier Glucydur Glucydur-Unruh 鈹青銅合金擺輪

在近代時計中，鈹青銅合金擺輪已取代了雙金屬補償擺輪。鈹青銅合金擺輪是由銅加上鈹與鎳組成的合金。優點是非常硬且穩定、耐變形、防磁及防鏽。

Gyromax balance Balancier Gyromax Gyromax-Unruh 砝碼微調擺輪

百達翡麗 1951 年 12 月 31 日為開發出來的新型擺輪 Gyromax balance 註冊專利。這種擺輪特點是在擺輪環的邊緣有 8 支垂直的針，針上安置砝碼。因為砝碼上的裂縫會減少該點的重量，轉動砝碼便可改變擺輪邊緣的重量分配。

砝碼微調擺輪，為百達翡麗之專利發明，以配置砝碼來調整擺輪配重。

Hairspring Ressort spiral Spiralfeder 擺輪游絲

「Spring」原意是「彈簧」，因為比頭髮絲細 3~4 倍，重量約 2 毫克，故稱為「Hairspring」。游絲的內端固定於擺輪軸心，而外端固定在擺輪夾板上，通過其本身的彈性縮張讓擺輪均勻地來回擺動。其活動長度不但決定了擺輪的慣性力矩，也決定了整只腕錶的振頻。常見的盤繞方式有扁平游絲與寶璣式游絲等。

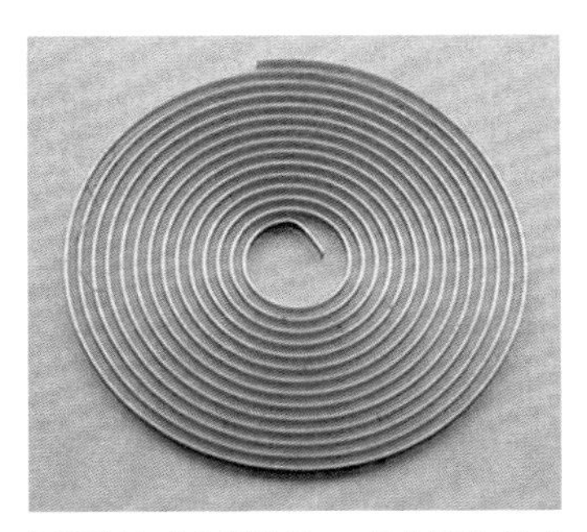

擺輪游絲，比頭髮絲細3~4倍的彈簧，決定了腕錶的振盪頻率。

Hairspring stud Pied de ressort spiral Spiralklötzchen 游絲樁

用以將游絲連接到擺輪夾板上的裝置。

游絲樁，將游絲連接到擺輪上的裝置。

Hardy's balance Balancier Hardy Hardy's unruh 哈迪式擺輪

由哈迪（Wm.Hardy）在 1804 年發明，專門用在航海鐘上面的一種高精密度擺輪，特點為中間溫度誤差較小。

Hertz Hertz Hertz 赫茲

振動頻率的國際單位，其符號為 Hz，用於描述振動、波動、或任何週期性現象，由物理學家 Heinrich Hertz 的名字命名。一個動作每秒發生一次，它的頻率便是 1 Hz。

百達翡麗CH29 535 PS 1/10碼錶機芯上可見鐫刻有5Hz字樣。

裝在擺輪游盤上的衝擊針，成圓柱狀，接受來自擒縱叉的衝擊。

Impulse pin Goupille d'impulsion Impulsstift 衝擊針

在擺輪游盤上的釘或寶石，呈狹長圓柱狀，衝擊銷固定在游絲下面的擺輪軸上，接受擒縱叉發出的衝擊，從而維持擺輪的行走。

Incastar，不使用快慢針，而以轉動游絲頭來調整長度的一種快慢機構。

Incastar Incastar Incastar 因加百祿調速器

由因加百祿廠所設計製造，不使用快慢針，而以轉動游絲頭來控制游絲長度的一種快慢機構。優點是能輕易微調游絲長度、無游絲夾間隙、無游絲外端曲線與快慢針圓弧不一致的問題。缺點是容易破壞游絲的同心圓結構，且調節誤差較大，所以不久即被市場淘汰，僅在古董錶上尚可見到此種結構。

快慢針調節器。

Index Index Index 快慢針

位於擺輪夾板上，一種網球拍形的調節器，在游絲外圈用一個類似夾子的結構來延長或縮短游絲的有效長度。透過調整游絲長度來調節擺輪消耗動力的速度，游絲越長，擺輪轉得越慢。

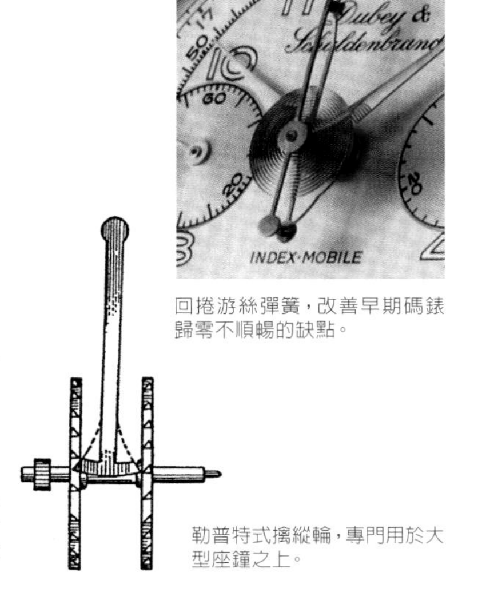

回捲游絲彈簧，改善早期碼錶歸零不順暢的缺點。

勒普特式擒縱輪，專門用於大型座鐘之上。

Isoval Isoval Isoval 回捲游絲彈簧

為了改善早期計時碼錶歸零不順暢的缺點，由 M. Dubois 所發明，裝置是計時秒針中心的一種歸零輔助圈狀彈簧。通常以不具磁性的耐酸合金製成，但也有少數以藍鋼製作。

Lepautes's escapement Échappement de Lepaute Lepautes'sche hemmung lepautes 勒普特式擒縱輪

1752 年由勒普特（Lepautes）發明，專門用在大型座鐘上的一種擒縱器。

Lever escapement
Échappement à levier
Hebelhemmung 槓桿式擒縱

又稱馬式擒縱，由英國製錶師 Thomas Mudge 在 1760 年前後發明，是目前使用最廣的擒縱設計。槓桿式擒縱的結構包括擺輪、擒縱輪和形似船錨、兩翼有馬仔寶石的擒縱叉，以及限制擒縱叉擺動幅度的兩支止動梢組成。特點在於擒縱叉配置在擺輪跟擒縱輪中間，三者軸心成一直線，因此又稱為直線形擒縱。

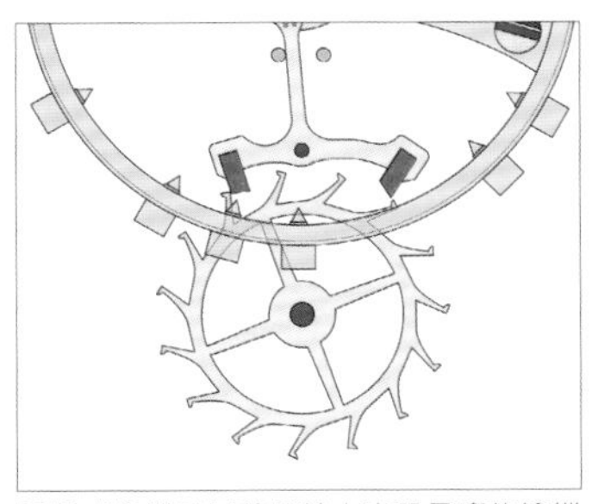

槓桿式擒縱是目前腕錶中應用最廣的擒縱裝置設計。

Meantime screws
Vis de correction de l'isochronisme
Gleichlauf Schrauben 均時螺絲

用於調節走時速率的擺輪螺絲，這種螺絲通常比擺輪的其他螺絲長。將均時螺絲旋動靠近或遠離擺輪釘，可微調擺輪的振盪頻率。

均時螺絲，調節位置可微調擺輪的振盪頻率。

Micrometric regulators
Régulateurs micrométriques
Mikrometrische regulatoren 微調器

一種調節器，用在包括鐵道級（railroad grade）錶在內的高級錶款上，以很精確的方式來調節快與慢。

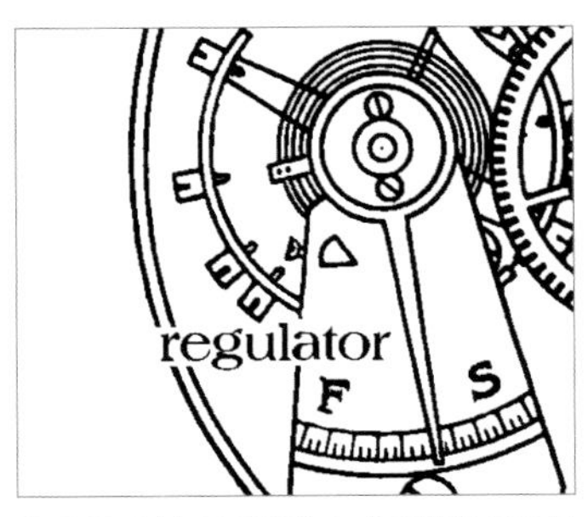

微調器，以十分精確的方式來調節振盪頻率的快慢。

Natural escapemetn
Échappement naturel
Natürlichen Hemmung 自然擒縱

由寶璣大師所設計的擒縱裝置，將兩枚擒縱輪裝在擒縱叉兩側，其中一個擒縱輪會被四番車帶動進而推動擒縱叉並聯動另一枚擒縱輪，藉由擺輪的頻率，擒縱叉再一左一右地鎖定擒縱輪將頻率回饋到走時輪系。此擒縱裝置設計初衷是為了提高穩定度與耐用性。

LAURENT FERRIER在自製的FBN 229.01自動機芯中搭載改良過的自然擒縱。

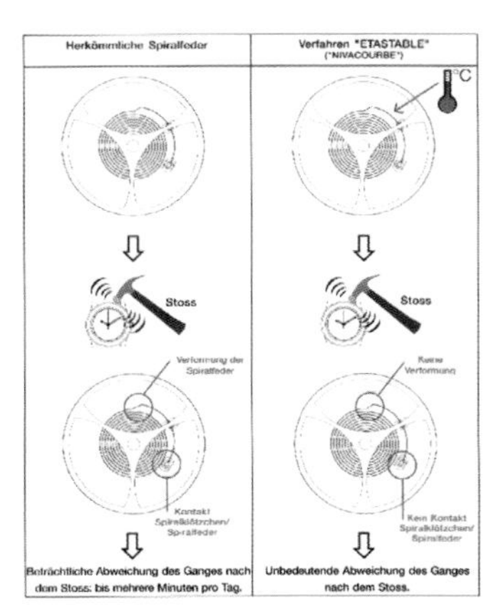

尼華洛絲，研發出一種低溫差係數合金的游絲與零件的製造廠商。

Nivarox Nivarox
Nivarox 尼華洛絲

瑞士一間游絲與機芯零件製造廠商，隸屬於 SWATCH 集團。其研發出一種低溫差係數合金，是用來製作游絲以及相機快門葉片的絕佳材料。

Overbanked Surenroulé
Überdimensionierte 轉向過度

會發生在馬式擒縱上的一個問題，當游盤寶石來到擒縱叉的凹槽之錯誤邊時，會導致擒縱叉的一邊停靠在限位釘的一側。如此一來，擒縱輪被鎖定，擺輪也會跟著停止動作。

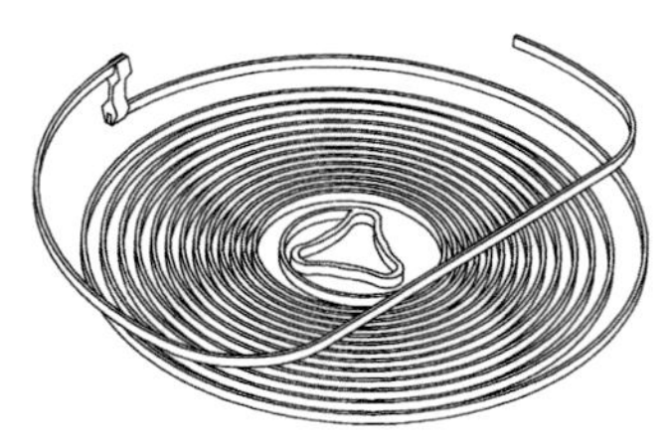

上繞游絲，優點是讓游絲有更多膨脹和收縮的空間。

Overcoiled hairspring
Ressort spiral surenroulé
Überdrehte spiralfeder 上繞游絲

游絲末端向上並往內彎曲的雙層游絲，亦稱為寶璣式游絲（Breguet hairspring）。最大優點是讓游絲有更多膨脹和收縮空間。而由於游絲末端向上往內彎曲，較接近軸心的位置，所以讓軸心的受力點均勻，從而提高等時性。

一般瑞士槓桿式擒縱所使用的擒縱叉，因為形狀像小時候玩的Y字形木馬形狀，故俗稱為「馬仔」。

Pallet-lever Levier de palette
Paletten-Hebel 擒縱叉

又稱馬仔。由黃銅或鋼製造的棘爪形槓桿，主要作用在於將動力由傳動輪系傳送至擺輪，維持擺輪振盪，並將擺輪和游絲振盪之頻率回饋至傳動輪系。

勞力士Paraflex緩震裝置的抗震效果比起一般避震器高出50%。

Paraflex Paraflex Paraflex
勞力士 Paraflex 緩震裝置

勞力士所研發的專利避震裝置，品牌重新研究設計避震裝置中彈簧的結構，其抗震效果可提高約 50%，可消除日常佩戴腕錶時碰撞晃動的影響。

Parachrom Parachrom Parachrom 勞力士專利游絲

由勞力士所研發，以獨有的鈮、鋯和氧合金等高度穩定的順磁性合金製成，由於其中不含金屬，而且本身硬度較大，不但不受磁場影響，抗震能力更大幅提升。此外，在耐溫方面表現頗佳，不易熱脹冷縮。再加上寶璣游絲的末圈設計，精確度更上一層樓。

勞力士專利游絲，由勞力士所研發，以高度穩定的多種順磁性合金所製成。

Philippe curve Courbe de Philippe Philippe-Kurve 菲利浦曲線

在游絲末端彎折出另一道弧線，並將之延伸以游絲樁固定於擺輪夾板上。目的是讓游絲有更多空間可以收放，並讓軸心的受力點均勻，提高等時性。

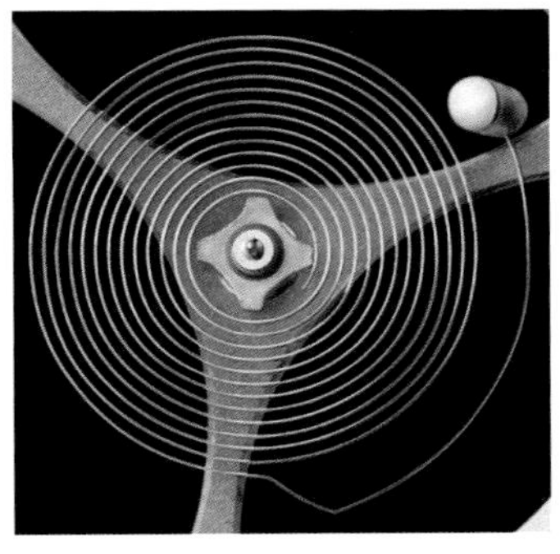

菲利浦曲線，在游絲末端彎折出另一道弧線，有更多空間可供收放。

Pin-pallet escapement Échappement à palette et goupille Pin-Pallet-Hemmung 釘—擒縱叉擒縱

西元 1867 年，Georg Friedrich Roskopf 致力於製作可供窮苦大眾使用的錶。為減少成本，他採用與擒縱輪的齒嚙合的垂直釘來取代擒縱叉的馬仔寶石，因此命名為釘—擒縱叉擒縱。

Precision index Index de précision Präzisions-Index 精確度指標

一種透過移動快慢調節器（fast/slow regulator）來逐步精細微調腕錶走時速率的裝置。機械錶中有多種微調方式，從鵝頸式調節器（swan's neck adjuster）到更普及的調整螺絲（adjusting screws）方式，如「Triovis」形。需要注意的是，精確度指標本身並不一定意味著有較高的精確度，實際上，配備普通調速器的錶也可以被調校得非常精確。

精確度指標，藉由精細移動調節器來調整腕錶的走時速率。

百達翡麗Pulsomax擒縱叉與擒縱輪皆以矽材質打造。

Pulsomax Pulsomax Pulsomax 百達翡麗 Pulsomax 擒縱

由百達翡麗在 2008 年發表的矽材質擒縱裝置，除了高科技材質外，擒縱叉造型也有所改良，叉頭部分採用獨家研製的幾何線條，兩端的叉頭長度和缺口各異，更有效率地傳遞動力與接收擺輪頻率。

Rack & pinion lever escapement Échappement à levier avec crémaillère et pignon Ankerhemmung mit zahnstange und ritzel 齒弧桿擒縱

又稱齒弧馬式擒縱，1722 年，由 Abbe de Huteville 與 1791 年，由 Peter Litherhead 先後發展出來的一種擒縱。此種擒縱不使用游盤，改用帶有一排弧形齒牙的擒縱叉。這種擒縱有著磨擦力大、磨蝕快的缺點，因此並不普及。

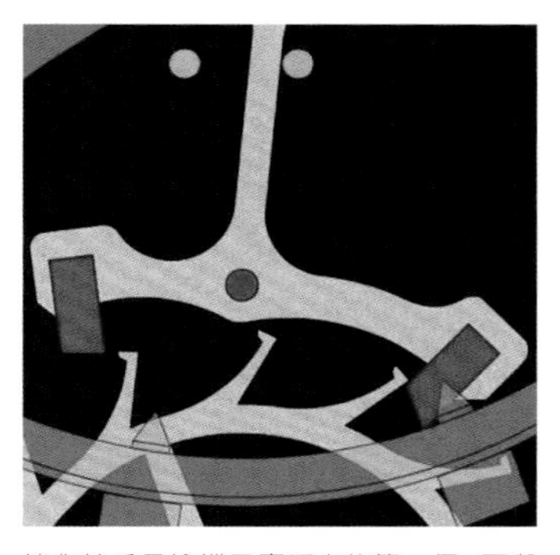
接收棘爪是擒縱叉寶石中的第一個，可與擒縱輪的齒嚙合。

Receiving pallet Échappement à vis Aufnehmende palette 接收棘爪

又稱進馬腳，是兩個擒縱叉寶石中的第一個，可與擒縱輪的齒嚙合。

Right angle escapement Échappement à angle droit Rechtwinklige hemmung 右角式擒縱

又稱為英國式擒縱，亦稱作 K 字形擒縱。

游盤，是擺輪的一個延伸部分。

Roller table Table de rouleau Rollentisch 游盤

擺輪的一部分，有游盤寶石嵌在上面。

Roller jewel Pierre d'impact Rollenstein 月石

又稱游盤寶石，嵌裝在游盤上的寶石，承受來自擒縱叉的衝擊。

Screw balance wheel Balancier à vis Schraubenunruh 螺絲擺輪

螺絲擺輪的特點是調校方便且工藝相對簡單，因此螺絲擺輪也是懷錶時代最為常用的形式。根據擺輪自身狀態的不同，螺絲擺輪上的調校螺絲的數目也不盡相同，多的十幾個，少的一兩對。某種意義上說，擺輪上螺絲的數目，和鐘錶製作工藝還有擺輪的規格有關。比如，懷錶時期非常有名的「蓮花擺」，其名字的來源，就是因為擺輪的外緣裝滿了調校螺絲，擺動起來就像漂亮的蓮花一樣。

螺絲擺輪。

Self-compensating balance-spring Ressort spiral auto-compensé Selbstkompensierende unruhspirale 自行補償游絲

自行補償游絲在 1930 年代出現，游絲由特殊合金製作，可降低溫度變化對錶走時速率的影響。

自行補償游絲，由特殊合金製作，減低溫差的影響。

Silicon balance spring Ressort spiral en silicium Silizium-Unruhspirale 矽游絲

游絲作為維持擺輪準確擺動的關鍵部件，是技術創新的核心領域。傳統鐵基合金游絲易被腐蝕且難以抵抗磁場的影響，隨著時間推移，容易失去精準計時的能力。而通過加熱砂礫得到的高純度矽材料精細加工製造而成的矽游絲則具有極大優勢。矽（Silicon）輕盈堅固，性能極其穩定，具有極強的抗磁性和耐久性，能夠最大程度地抵禦外界因素的影響，提供恆久穩定的動力。

以矽材質製成的游絲。

康斯登Monolithic振盪系統以矽材質製成。

Silicon oscillator
Oscillateur en silicium
Siliziumoszillator 矽振盪器

矽振盪器振頻達到 288,000 次 / 小時（40 赫茲），由單晶矽製成，這種材料消除了傳統擺輪的主要缺陷。單晶矽具有 100%的防磁性，可耐抗溫度變化，對重力不敏感，並且重量只有常規機制的四分之一。沒有機械耦合，這意味著零件的摩擦和損耗降低，因此只需較少動力就能驅動擒縱輪和振盪系統。同時矽不需要潤滑，也提高了擒縱機構的長期可靠性。

MB&F的LM Split Escapement EVO腕錶搭載的分離式擒縱，在面盤上除懸浮擺輪外完全看不到擒縱輪結構。

Split Escapement
Échappement dissocié en français
Split Escapement
分離式擒縱

獨立製錶品牌 MB&F 的獨創設計，將擺輪放在面盤上，擒縱叉和擒縱輪則位於面盤下方，並把擺輪軸心加長使之能與面盤下的擒縱零件連動，但視覺上看起來卻像是獨立在面盤上方運作。

Spring drive Spring drive
Spring drive

是精工獨創的一項腕錶技術，當下主要集中在 Grand Seiko 9R 機芯中，可以說結合了機械機芯與石英機芯各自的優點。這類機芯在動力源泉與傳輸方式上，與機械機芯相似，即通過轉動錶冠或擺動手腕為機芯中的主發條儲存能量，並藉由齒輪傳動系將能量傳遞至調速機構。但在調速機構的設定上，Spring drive 以特有的三能整律器（Tri-Synchro Regulator）取代了機械機芯中的擺輪游絲，將機械能轉化為電能傳遞訊號，以及電磁能施加制動力從而控制速度，利用這三種能量協調運作，調整發條鬆開的速度，讓秒針可以精確地運作，大幅提升機芯的走時精度，可達 ±1 秒的日差。

Spring drive為精工獨創機芯技術。

Spiromax Spiromax Spiromax 百達翡麗 Spiromax 游絲

百達翡麗在 2005 年先發表第一代 Spiromax 游絲，在游絲末端設計一道弧線，稱為「百達翡麗末端弧線」。特色在於外端較厚，迫使游絲同心移動。而游絲中心與末端各有一個獨特設計的拴座，讓製錶師得以更準確掌握游絲的有效長度。接著 2017 年品牌再度發表第二代 Spiromax 游絲，在游絲最內層的位置也加入一道曲線，讓游絲與擺輪受重力的中心點永遠一致，擺動速度與擺幅差異更小，每日的誤差僅僅只有 -1 至 +2 秒內。

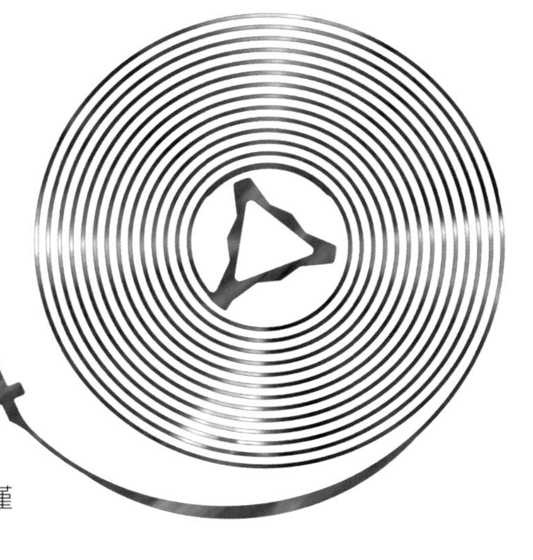

2017年發表的第二代百達翡麗Spiromax游絲每日的誤差僅僅只有-1至+2秒內。

Swan-neck regulator Régulateur en col de oie Schwanenhals-Regulator 鵝頸微調

微調裝置的其中一種設計，以形狀似鵝頸的鋼製彈簧和微調螺絲組成，移動微調螺絲可精密調整鐘錶走時精確度。

格拉蘇蒂原創獨創「雙鵝頸微調」裝置。

Swiss lever escapement Échappement à ancre Suisse Schweizer Ankerhemmung 瑞士槓桿擒縱

擒縱輪的齒是棍棒形，故又稱為具有棍棒形齒的馬式擒縱，也稱為瑞士馬仔擒縱。

Virgule escapement Échappement à virgule Kommahemmung 鐮刀形擒縱

又稱丁字輪，1700 年代中期使用的早期擒縱，由於具有形似鐮刀的結構故稱鐮形擒縱，又因形似中文的丁字，故俗稱為丁字輪。

瑞士馬式擒縱，棍棒形的擒縱輪齒為其最大特點。

Chapter 5 機芯製作

遙想遠方的瑞士，製錶師在小工坊內可能要耗費數十分鐘，才能打磨出機芯中的一小片零件；為了減少一點點誤差，說不定要反覆調校好幾天。一枚機芯厚度頂多十毫米，卻代表著整只腕錶的靈魂，關鍵就在於這製作過程，背負著製錶師經年累月的心血，怎能不引人入勝呢？機芯的內涵可分作許多層次，除了肉眼就可以看到的各式拋光打磨，還包含了更深層的精準度與調校等重點。本章先從基本的機芯上鍊系統區別及共享零件切入，接著會解釋多種常見的機芯修飾工藝，最後介紹最能象徵精準度的各種認證，由淺入深探討機芯價值。

FRANCK MULLER Vanguard Damascus Steel Sincere Platinum Jubilee Edition腕錶。

宇舶錶Big Bang Integrated Time Only鈦金屬腕錶。

5-1 上鍊系統

機械錶開始啟動走時的第一步。動力會藉由手動或自動上鍊產生，將來自人的動能轉換成機械能。機械錶的技術經過數個世紀的發展，到 19 世紀臻於成熟，在上鍊系統方面可分為手動上鍊與自動上鍊兩種模式。而這兩種模式又都各自衍生出不同變化，其中又以自動上鍊最為多元，無論是上鍊效能抑或是自動盤樣式，各有特色。

RICHARD MILLE RM 30-01 離合擺陀自動上鍊腕錶。

Automatic winding / Self-winding
Remontage automatique
Automatischer Aufzug / Selbstaufzug
自動上鍊

佩戴腕錶的手在日常生活的各種動作可以帶動錶內的自動盤轉動，藉著自動盤轉動而產生的力矩旋緊主發條，此種上鍊方式即為自動上鍊。最早的自動上鍊時計是 18 世紀 Abraham-Louis Perrelet 所發明，至於第一枚自動腕錶是英國人 John Harwood 在 1923 年發明的。但在 1930 年之前，自動上鍊系統仍是撞陀式，自動盤並不能夠完整地水平 360 度旋轉。直到勞力士發明 Perpetual 恆動機芯，才真正讓自動盤以 360 度旋轉，並在十多年後研發出雙向上鍊機制。

33毫米的香奈兒J12 Caliber 12.2機芯腕錶，搭載Caliber 12.2自動上鍊機芯。

Declutchable rotor
Rotor débrayable
Declutchable rotor 分離式自動盤

RICHARD MILLE 耗時四年開發設計的自動盤結構，當發條上滿鍊後，動力儲存顯示器指向 50 小時，發條盒就會自動脫離自動盤的上鍊機制。反之，當動力儲存顯示器下降至 40 小時，自動盤就會自動嚙合，使腕錶開始上鍊。

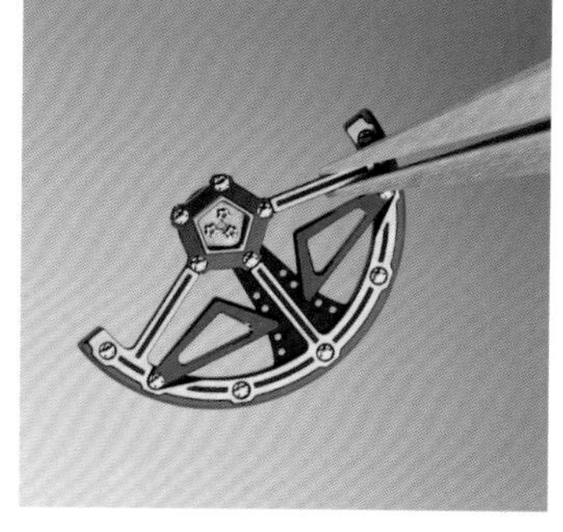
RICHARD MILLE RMAR2自動機芯的可變幾何結構擺盤在滿鍊時會自動脫離。

Hand-wound / Manual winding
Remontage manuel
Handaufzug 手動上鍊

直接用手轉動錶冠，進而為腕錶旋緊發條的上鍊機制稱為手動上鍊或者手動。

Magic Lever Levier magique
Magischer hebel 魔術槓桿上鍊

精工在 1959 年發明了一項名為「魔術槓桿」的高效上鍊系統。該系統屬於棘爪式上鍊結構，擺陀中軸與上鍊齒輪通

帕瑪強尼Toric雙秒追針玫瑰金計時碼錶搭載PF361手動上鍊機芯。

魔術槓桿上鍊。

過一個兩端長短不一的 Y 形槓桿相連。當為腕錶上鍊時，擺陀轉動以帶動 Y 形槓桿其中的一臂或拉或推上鍊齒輪，而為發條盒上鍊。

Masse Mysterieuse Masse Mystérieuse Masse Mystérieuse 神秘擺陀

卡地亞搭載9801MC機芯的Masse Mysterieuse 腕錶，結合了卡地亞兩大標誌元素：神秘機芯與鏤空設計。

鏤空擺陀與看似漂浮的指針裝置融合，視覺上完全隱去了齒輪間的直接接觸點，得益於時間刻度圈內隱藏的精密組件使得擺陀與指針彷彿懸浮半空之中。機芯中央引入了源自汽車製造領域的高度精密差動系統，讓擺陀能隨著佩戴者的動作而運行，以克服自動盤型機芯因擺動而對運作精準度所造成的影響。

Micro-rotor Micro-rotor Minirotoren 微型自動盤

BIVER Automatique自動錶所搭載的JCB-003機芯配備22K金微型自動盤。

為了降低機芯厚度或不擋住機芯整體呈現，製錶師在設計板路時將自動盤縮小並嵌入基板上，讓機芯保持纖薄，同時不阻礙欣賞機芯零件，更具觀賞性。自動盤縮小後離心力較弱，因此上鍊效果不如傳統中央自動盤，但隨著製錶技術與材料學的精進，如今微型自動盤的上鍊效能已大幅提升不少。

Pellaton automatic winding Remontage automatique Pellaton Automatischer pellaton-Aufzug 比勒頓自動上鍊系統

由萬國錶技術總監阿爾伯特·比勒頓（Albert Pellaton）在 1946 年申請專利的自動上鍊系統。與一般自動上鍊系統不同之處在於自動盤與一心形凸輪連動，並藉由此心形凸輪兩側的滑輪勾動鋼輪為發條上鍊。由於部分結構和動作模式神似啄木鳥，因此又被稱為啄木鳥自動上鍊系統。

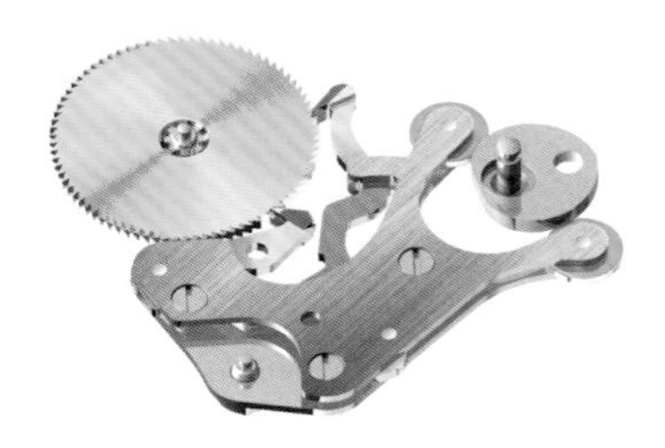
萬國錶啄木鳥自動上鍊系統。

Reduction and transfer wheel Roue de réduction et de transfert Untersetzungsgetriebe und Übertragungsrad 自動過輪

自動盤轉動的力量會經由自動過輪減速之後轉換成為高扭力值的動力，再帶動大捲車捲動發條，將動力儲存在其中。

Rotor / Oscillating weight Rotor Rotor Rotor/Schwungmasse 自動盤

又稱擺陀，在自動機芯中設有一組圍繞軸心轉動的金屬片，藉由手腕各種動作，自動盤會隨之左右擺動甚至旋轉而產生力矩，並倚靠自動上鍊系統將這力矩轉換為上鍊動力。

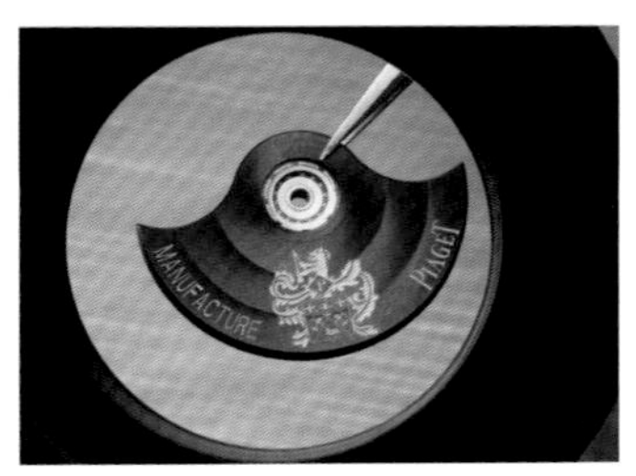

自動盤會隨手腕動作擺動而產生力矩，並藉此力矩為發條上鍊。

Twin click-wheels Roue de remontage automatique Zwei klick-räder 自動導輪

裝置於自動上鍊系統裡，由一對雙層齒輪所組成，能將自動盤所產生正向或反向的動力來源整理成單一方向的動能後，再輸出到自動過輪。

自動導輪由一對雙層齒輪所組成，能整合自動盤所產生之正反向動力。

Winding mechanism Mécanisme de remontage Wickelmechanismus 上鍊機構

上發條（旋緊發條）的裝置，這是機械錶獲取動力來源的開端，也是整體運作的一個重要部分。早期的懷錶時代，必須以鑰匙幫錶上鍊，後來 Jean-Adrien Philippe 在 1842 年發明免用鑰匙系統，也就是用錶冠上鍊的方式大幅改革這個機構。而現代的自動上鍊，則是藉由手腕動作帶動腕錶的自動盤進行上鍊。

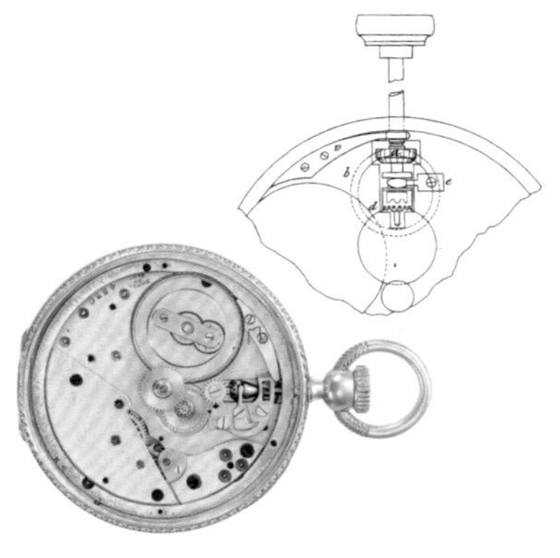
最早搭載由Jean-Adrien Philippe研發取得專利上鍊系統的作品之一。

5-2
共用零件

在機芯中，除了游絲、發條、擒縱叉等專屬零件外，尚有許多零件與詞彙是在機芯中隨處可見的。雖然如軸承和凸輪等零件經常出現，但隨著所處位置不同，其作用也會跟著改變。

康斯登Classic Date Manufacture自製機芯日曆腕錶。

Appropriage Appropriage Appropriation 拋磨修整

製錶師以不同的手法修飾拋光鋼質零件或雕飾夾板。

Arbor Arbre Arbor 軸

或稱為輪軸、軸心。為區分起見，在擺輪上的輪軸稱為 staff，而在擒縱叉上稱為 arbor。

擒縱叉上的輪軸稱為arbor。

Arm Bras Arm 軸臂

軸臂呈細長狀，機芯中用軸臂來連接同一個裝置中的部分零件，例如擺輪軸臂。

Baguette caliber Calibre baguette Baguette-Kaliber 矩形機芯

1920 年代末至 1930 年代初特別流行的錶款機芯，其機芯呈矩形，長度至少是寬度的 3 倍。

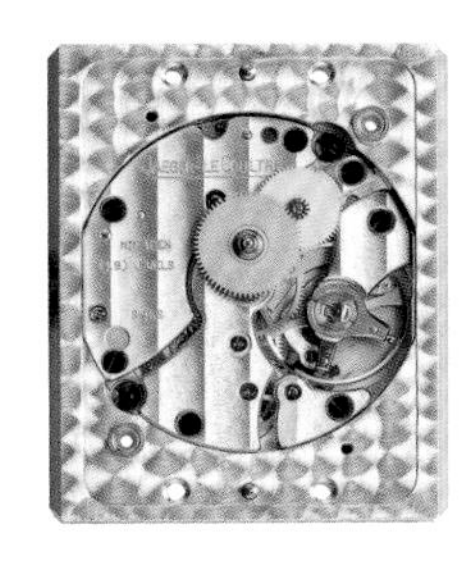
矩形機芯在1920年代末至30年代初特別流行。

Ball-bearing Roulement à billes Kugellager 滾珠軸承

滾珠軸承最常使用在自動盤。由於自動盤使用頻繁，容易跟軸心產生嚴重摩擦。因此在這兩個組件之間置入滾珠軸承，以大幅降低兩者摩擦並提高機械動力的傳遞效率。

機芯中的自動盤軸心，經常用到滾珠軸承。

Blue screwed Gold Chatons Chatons en or avec vis bleues Goldchatons mit Blauen Schrauben 藍鋼螺絲固定黃金套筒

嵌入機芯夾板或橋板中的黃金套筒，再用經 300 攝氏度高溫燒製的藍鋼螺絲進行固定，這種設計不僅提供了牢固的固定效果，提升機芯美觀之餘，更展現了高級製錶工藝。

朗格機芯上的藍鋼螺絲與黃金套筒。

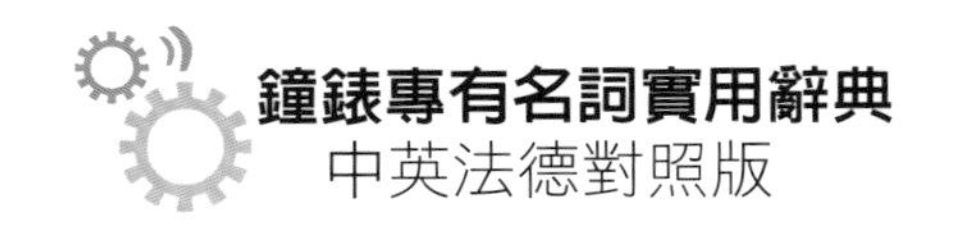

Bar movement Mouvement à barres Stangen-Kaliber 條板式機芯

條板式機芯使用 6 條夾板來固定輪系，其中包括發條、中心輪、過輪、秒輪、擒縱輪和擺輪夾板。這種設計約在 1840 年後開始流行。

Base plate / Mainplate Plaque de base Grundplatte 主夾板

又稱為底板或基板，用於承載機芯所有零件的基礎金屬板，通常以銅或鎳銀製造。在金屬板上打洞或挖出凹槽，用於搭載輪系與齒輪軸。

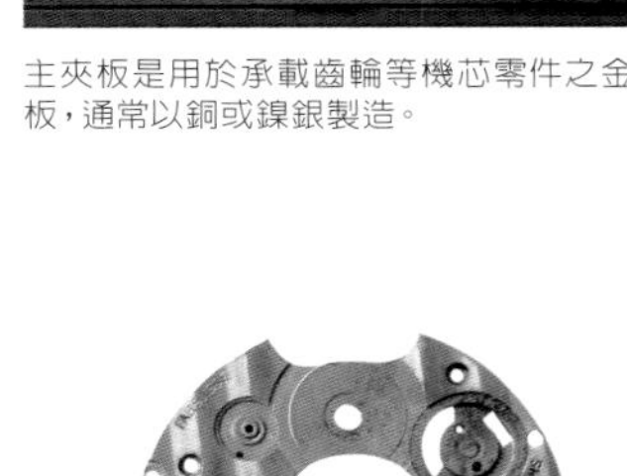

主夾板是用於承載齒輪等機芯零件之金屬板，通常以銅或鎳銀製造。

Bearing Roulement Lager 軸承

用於保護齒輪軸心。軸心若不斷在基板或夾板上轉動除了容易磨損，摩擦產生的金屬碎屑也會影響機芯整體運作。因此在軸心兩端加裝軸承，與軸心相互滑動，將磨損率降低。

Bridge Pont Brücke 夾板

用來固定機芯零件的構造稱為夾板，根據固定零件而有不同的命名，如中心輪夾板或擺輪夾板。

用來固定機芯零件的構造稱為夾板。

Caliber Calibre Kaliber 機芯

其實 Caliber 指的是錶的機芯之「大小」「形狀」與「結構」，並根據這些數據賦予機芯的型號。

Calibre inversion Inversion de calibre Umkehrung des kalibers 機芯倒置

「機芯倒置」這一匠心獨運的設計藝術，讓腕錶佩戴者在輕鬆掌握時間的同時欣賞到無與倫比的機芯之美。格拉蘇蒂原創的製錶師們以嶄新的方式將精雕細刻的擺輪夾板及鵝頸微調裝置呈現於錶盤之上，機械腕錶的內在之美由此展現於外。

格拉蘇蒂原創偏心機芯倒置腕錶限量版，底部夾板巧妙雕琢，從而使擺輪夾板看似漂浮於機芯內。

Cam Came Nocke 凸輪

可以把圓周旋轉運動變為上下或前後運動的裝置，常用在有「活動人偶」裝置的懷錶或腕錶內。

凸輪的獨特造型可以把圓周旋轉運動變為上下或前後運動。

Cap jewel / End stone Pierre de capot / Pierre de pivot Deckstein/Endstein 蓋石

在擺輪的軸桿下方的扁平寶石，用以限制齒輪樞軸的垂直運動，它們也被用來覆蓋在擺輪軸桿上。

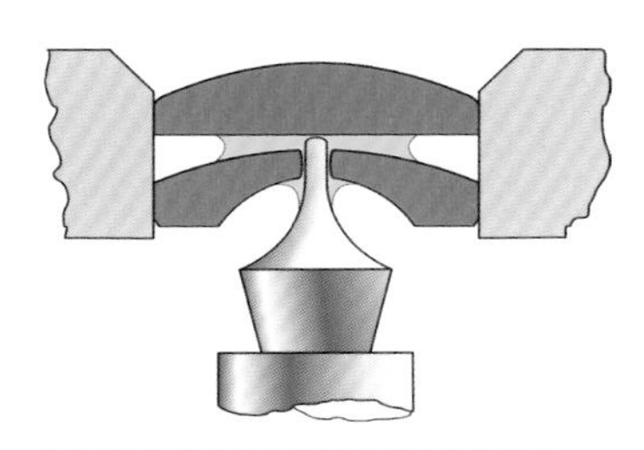
在擺輪的軸桿下方的扁平寶石稱為蓋石。

Chamfering Chanfreinage Chamfering 倒角打磨

倒角是在兩個互相垂直的平面交匯處的稜邊打磨出一道斜面。倒角打磨可撫平稜角、清除加工產生的毛刺，並增加美觀。部分零件做圓弧倒角，減小應力集中，增加零件強度。

多數高級機芯，夾板的邊緣都會進行倒角處理。

Circular graining Perlage Kreisförmige Maserung 珍珠紋

又稱魚鱗紋，通常用於裝飾主夾板，做法是使用平鑽頭或木椿旋轉頭，一點一點地依序打在底板上，迅速旋轉製造出不斷交疊且具有規律線條的圓點圖案。這種做法不但具有美感與質感，也兼具強化表面張力的作用。

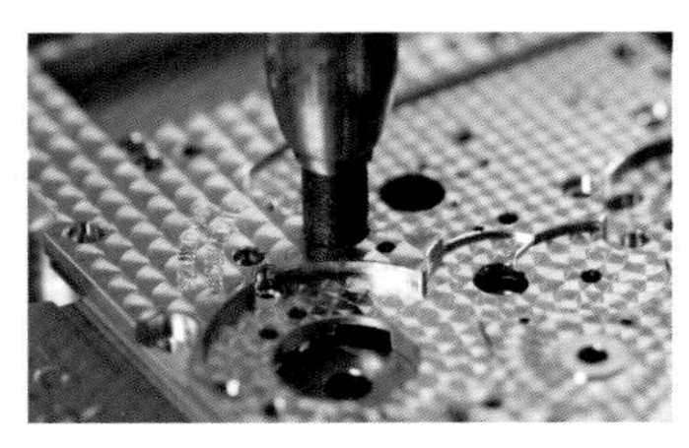
使用平鑽頭或木椿旋轉頭，在主夾板上迅速旋轉研磨出不斷交疊且具有規律線條的圓點圖案。

Clutch Embrayage Kupplung 離合裝置

顧名思義，離合裝置是將兩個零件連接與斷開的裝置。例如計時機芯中，就需要離合裝置讓計時秒輪與秒針輪在按下計時按鈕時互相嚙合；並在按下暫停時斷開。

Cock Coq Brücke / Träger 半夾板

用於固定擺輪上端旋軸之金屬板，另一端則固定於基板邊緣。

用於固定擺輪的半夾板有著多種不同的形狀設計。

FERDINAND BERTHOUD Chronomètre FB RES腕錶。

Constant force
La force constante
Konstante kraft 恆定動力

來自於發條的動力穩定，走時就不容易忽快忽慢。恆定動力裝置便是為了將來自於發條的動力平穩地傳送至擒縱機構。

老式機芯中經常可見到齒牙與齒輪平面成直角的橫齒齒輪。

Contrate wheel
Roue conique
Konträres rad 橫齒齒輪

齒輪的齒牙若與齒輪的平面成直角，也就是齒尖與輪軸平行，那麼這種齒輪便稱為橫齒齒輪，又稱冠狀齒輪或端面齒輪。

Ebauche Ébauché
Ebauche 機芯半成品

又稱為空白機芯、基礎機芯，指尚未全部完成的機芯（movement），又稱為 movement-blank，僅含結構的主要部分，包括底板（base plate）、條板（bars）、橋板（bridges）、齒輪組及鋼的部分。不包括動力（主發條）、調速器（擺輪與擒縱）、時間指示（面盤和指針）及錶殼。

Foliot Foliot Foliot 橫樑

直式臂狀擺輪，兩端可放砝碼，用來調速。

機芯夾板上經常可見一道道間距相同的日內瓦波紋。

Geneva stripes Côtes de Genève
Genfer Wellen 日內瓦波紋

在高階錶款的夾板和自動盤上常見的波狀紋路。必須由工匠以轉動的黃楊木手工推磨，形成一道道間距相同、整齊一致的直條或環狀紋路，不但美觀有質感還能維持金屬表面剛性。

Guilloché Guilloché
Guilloché 機刻雕花（機鏤紋）

在錶殼或錶盤上以機械雕刻纖細交錯複雜的紋路或花紋，所以亦稱為機刻雕花，也有鐘錶師將之稱為機械律動紋路。大多是規律重復的圖案。

不少品牌會以機刻雕花裝飾自動盤。

Goldchaton Chaton en or
Goldchaton 黃金套筒

高級機芯總是會提及用了幾顆寶石，這個寶石便是紅寶石軸眼，不僅起到耐磨的作用而且非常亮眼好看。然而，當時的寶石並非像如今這樣切割圓潤，質地堅硬，為了方便更換寶石，同時也為了讓機芯的每一個角落都充滿金屬的光澤，有些高檔機芯的寶石軸眼邊緣還裝配了黃金外圈，稱做黃金套筒。

黃金套筒。

Half plate Demi-plateau
Halbplatine 二分之一夾板

將發條盒、二番車、三番車以一塊夾板整片固定，四番車另外以一塊小夾板單獨固定的機芯樣式，在古董懷錶上常見。

將發條盒、二番車和三番車以一塊「二分之一」夾板整片固定的機芯樣式。

High-beat movement
Mouvement à haute fréquence
High-Beat-Uhrwerk 高振頻機芯

擺輪的振盪頻率高的機芯走時也會更加精準，且可降低對震動的敏感性。

真力時的El Primero是製錶業首創的高振頻計時機芯。

Incabloc Incabloc
Incabloc
因加百祿避震器

機芯用防震器的商標名稱，1933 年開始生產，因為標準化及可互換性，適合大部分機芯。

常見的因加百祿避震器樣式。

Isochronism
Isochronisme
Isochronismus 等時性

擺輪與游絲被調整到錶的走時速率在任何時段都相同。即不論一只錶是已完全上鍊或發條能量幾乎放盡時，擺輪的每一次振盪持續時間必須都相同，才能維持等時性。

寶石軸承在機芯中具有減少摩擦力的功用。

Jewels Pierres précieuses
Juwelen 寶石軸承

指由紅寶石或其他寶石組成的軸承，早期由天然寶石製作，目前則多以人造合成寶石。

常見的KIF避震器樣式。

KIF KIF KIF
KIF 避震器

瑞士機芯避震器製造廠商，許多高級鐘錶品牌機芯都採用 KIF 避震器。由於部分設計專利期已過，KIF 形式的避震器已很常見。

Oil Huile Öl 油

應用在機械錶的機芯中，不同種類的油各具有不同用途，有潤滑作用，也有金屬防鏽作用。相同的是鐘錶用油必須有強韌的油膜，才能防止零件之間直接摩擦。而且表面張力強，不容易擴散。同時具備低揮發性、凝固點低，溫差適應力強且不易變質等特性。

石英震盪器外觀。

Oscillator
Oscillateur
Oszillator 振盪器

石英振盪器以微型電池作為動力來源，向集成電路提供特定電壓，並由微型處理晶片將石英的振盪整理成頻率信號回傳，進而驅動齒輪系帶動指針運轉。

Pillars Piliers
Säulen 柱

可固定上下兩個夾板的桿狀物。

輪軸是齒輪旋轉之基礎。

Pivot Pivot
Drehzapfen 輪軸

齒輪軸心，也是齒輪賴以旋轉的基礎。

Solarisation
Solarisation
Solarisation 太陽紋

太陽紋是更為細膩的放射狀花紋，就像太陽光芒四射一般。用在細小零件上，樸實無華的直線拉絲與環形拉絲，乍看像平面，細看會發現細膩均勻的紋理，常被安排在夾板周邊最外一圈及機芯內的各種連軸上。

朗格齒輪上的太陽紋裝飾工藝。

Star wheel
Roue étoilée
Sternrad 星形輪

一種星形齒輪，齒牙成大三角形，由一個定位彈簧規律地控制其活動。

江詩丹頓機芯使用極為稀有的雙層星形輪。

Three-quarter plate
Plaque trois quarts
Dreiviertelplatine 四分之三夾板

在德式製錶中常見的機芯結構，傳動輪系被固定在一塊約覆蓋機芯四分之三的大夾板下方，而不是分別用小片夾板固定，大夾板以外的空間則安置擺輪與擒縱器，這樣的設計提供了更高的穩定性和堅固性。

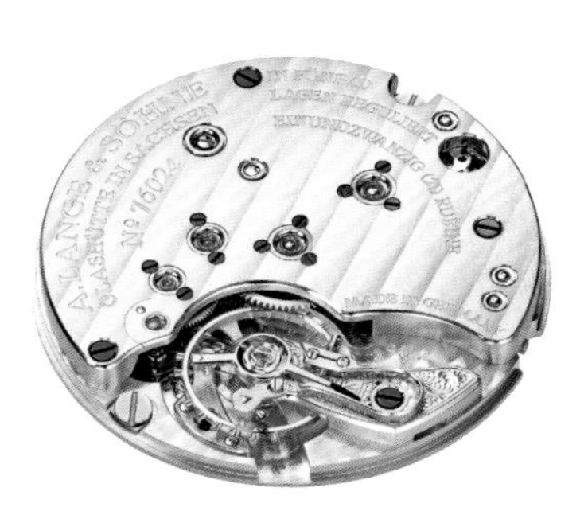

「四分之三」夾板是德式製錶中相當常見的設計。

5-3 認證檢測

在這個章節中，除了如C.O.S.C.瑞士官方天文台認證等有關於精準度的標準外，也收錄了日內瓦印記和百達翡麗印記等針對機芯零件製作的規範。畢竟影響機芯精準度的因素並非僅局限於方位等外在條件，機芯製作也相當程度地左右著機芯能否順暢運作。換言之，在探討精準度時，只認識其中一部分標準是不夠的，從製作過程到調校測量全盤認識，才能深入探討精準度這個命題。

FERDINAND BERTHOUD Chronomètre FB 3SPC精密時計。

Adjustment Réglage Einstellung 調校

機械錶的調校通常會依冷熱溫度變化、五方位與等時性（Isochronism）等八項指標做調校。

經過方位與溫度調校的機芯，通常會在夾板上鐫刻經過冷、熱與幾個方位調校，以凸顯出該機芯經過精密調校，具有更高品質與價值。

Chronometer Chronomètre Chronometer 天文台錶

通過瑞士官方天文台認證機構測試的錶款，便會獲得由該機構核發的證書。由於檢測過程嚴謹，因此天文台錶在走時精準度方面會比未獲認證的錶款更有說服力。

通常，製錶師使用校錶儀檢測腕錶走時的準確度。

C.O.S.C. C.O.S.C. C.O.S.C. 瑞士官方天文台認證

全名為 Controle Officiel Suisse des Chronometres，此機構於 1973 年創立，由瑞士伯恩（Bern）、日內瓦（Geneva）、納沙泰爾（Neuchâtel）、索洛圖恩州（Solothurn）和沃州（Vaud）等五個製錶州，與瑞士鐘錶工業聯合會（FHS）共同創立。總部位於 La Chaux-de-Fonds 拉紹德封，負責檢測手錶在各種情況與環境下之精準度。

認證內容如下：

a. 五方位：分別為錶盤朝上、錶盤朝下和錶冠朝左、錶冠朝上、錶冠朝下等五個方位，每個方位測試的時間長度不同。

b. 三種溫度：受測機芯必須分別接受攝氏 23 度、攝氏 8 度及攝氏 38 度三種溫度測試，測試溫度誤差值為 ±1 度，測試期間有 13 天是在攝氏 23 度測試，只有第十一天以攝氏 8 度、第十三天以攝氏 38 度測試。

c. 16 天連續測試：所有機芯必須接受為期 16 天的攝影機和電腦監控測試，僅第十天可暫停，其餘時間所有受測機芯都必須保持運轉的狀態。

d. 七項標準：包括每日平均誤差值（average daily rate）-4/＋6 秒在內等七項標準。

FERDINAND BERTHOUD Chronomètre FB RES腕錶獲有瑞士天文台認證。

獲得瑞士官方天文台認證的時計，都達到了溫度、方位與連續運轉狀態等多項測試標準。

BOVET Amadeo Fleurier Rising Star獲得FQF Quality認證。

Fleurier Quality Foundation
La Fondation Qualité Fleurier
Fleurier-Qualität FQF 認證

FQF 認證是由蕭邦（CHOPARD）、播威（BOVET）、帕瑪強尼（PARMIGIANI），以及 Vaucher Manufacture Fleurier 機芯廠等幾個位處納沙泰爾省（Canton of Neuchâtel）Val-de-Travers 地區的品牌聯合發起的一項全新認證標準，主管認證機構 Fleurier Quality Foundation（簡稱 FQF）於 2001 年 6 月 5 日成立，並於 2004 年 9 月 27 日發佈認證標準，並開放給所有瑞士高級製錶品牌申請認證。

認證內容如下：

a. 要取得 FQF 印記之前，受測機芯必須先通過 C.O.S.C. 天文台認證。

b. 除錶帶之外，送審錶款包括錶殼、錶盤、指針和機芯等所有部件都必須 100%在瑞士製造。

c. 受測機芯的打磨修飾、打磨及材質上有一定規範，須經過 FQF 的技術部門逐項審查，達到最高美學標準，如所有零件得經過倒角處理、不可使用塑料材質零件等。

d. 受測機芯的操作部件必須通過一系列測試，包括上鍊系統的壓力測試，按鈕、撥掣等的耐用度測試，以及防磁、抗震、防滲漏等項目的測試。測試單位為 Laboratoire Dubois S.A. 的 Chronofiable 部門。

e. 送審錶款必須在測試機上接受 24 小時的佩戴模擬測試，如從日到夜間活動量較大的階段、活動量較少的階段 ，誤差值必須控制在一天 0~5 秒之內。

經過FQF認證過的機芯，蕭邦也會非常仔細地在機芯夾板上鐫刻「QF」認證標誌。

Geneva seal Poinçon de Genève
Poinçon de Genève 日內瓦印記

日內瓦印記以老鷹和鑰匙作為徽飾。

1886 年日內瓦製錶工會提議日內瓦省議會與瑞士聯邦議會研議的高級製錶審查法規，作為品質保證的官方印記，同時成立日內瓦時計檢測公署。採自願送檢制，但送檢錶款必須是機械錶，且在日內瓦組裝、調校，機芯的製造也必須符合標準規範。1975 年製造規範更新，設定 11 項守則以維持印記品質。

1994 年 12 月 22 日，日內瓦印記守則再次修正，變成 12 則，標準規範內容主要針對製作裝配項目，如鋼質零件倒角處應拋光、必須使用非線性調整快慢針等。之後雖然加入 C.O.S.C. 天文台錶針對精準度與精密度的認證，但這個部分並非強制性，故難以符合外界期待。

因此，2009 年頒布的最新版本中將 C.O.S.C. 認證改為強制性，原本主掌「日內瓦印記」和 C.O.S.C. 天文台錶認證的機構也合而為一，成立 Timelab 實驗室負責事務執行，並由瑞士鐘錶及微工程實驗室基金會（Foundation of the Geneva Horology and Microengineering Laboratory）負責營運，提供日內瓦印記認證、C.O.S.C. 天文台錶認證服務。

2011 年日內瓦印記認證標準誕生 125 週年，日內瓦鐘錶和微系統技術實驗室在 12 條守則外，又將審查範圍從機芯延伸至整枚腕錶，每只錶必須經過為期七天的測試，測試項目包括精準度、防水能力、動力儲存和各項功能。

江詩丹頓Traditionnelle陀飛輪計時腕錶獲得日內瓦印記。

Grand Seiko Special Standard
Norme spéciale de Grand Seiko
Grand Seiko-Sonderstandard
Grand Seiko 特別標準規格

1960 年代精工推出第一款 Grand Seiko 腕錶 Grand Seiko 3180，這款錶精準度相當於當時 Bureaux Officiels de Contrôle de la Marche des Montres 制定的天文台標準等級，此認證須經 15 天六方位和三階段溫度測試，且每日平均誤差值在 +5 ~ -3 秒。1970 年精工再推出高於天文台標準的新認證（Grand Seiko Standard），允許每日誤差在 +5 ~ -3 秒之內，接著於 1998 年 Grand Seiko 繼續推出最新一代 GS 標準規格。Grand Seiko 特別標準規格比其他任何標準都還要嚴格，手錶必須經過 17 天六方位測試，每日誤差值必須控制在 +4 ~ -2 秒之內。

Grand Seiko對精準度有著高於其他標準的嚴格要求。

通過1000小時測試的錶款，刻有「1000 Hours Control」字樣。

JLC 1000 Hours Control
Contrôle 1000 heures
1000 Hours Control
積家 1000 小時測試認證

積家每款腕錶都需經歷長達 1,000 小時（約 6 週）的品管測試，例如以裝配完成的成錶狀態測試，每日誤差值在 +6 ～ -1 秒內；另外還有正常狀態與滿鍊狀態下的六方位測試、模擬從日間活動量較大到夜間活動量較少等兩階段動力儲存狀態測試、功能及美學修飾檢驗、抗震測試等。通過測試的腕錶都會在後底蓋鑲嵌一枚金質獎章，並在機芯或錶殼上鐫刻「1000 Hours Control」字樣。

Schweizerische Eidgenossenschaft
Confédération suisse
Confederazione Svizzera
Confederaziun svizra
Eidgenössisches Institut für Metrologie METAS
Institut fédéral de métrologie METAS
Istituto federale di metrologia METAS
Institut federal da metrologia METAS
MASTER CHRONOMETER
CERTIFICATE
METAS (Federal Institute of Metrology) certifies that this individual timepiece has successfully passed the tests to earn the distinction «MASTER CHRONOMETER».
For more details please refer to
www.omegawatches.com/masterchronometer

大師天文台認證證書。

Master Chronometer
Master Chronometer
Master Chronometer
大師天文台認證

由歐米茄與瑞士聯邦計量科學研究所（METAS）合作所發展之精準度認證，對所有品牌開放。通過 C.O.S.C. 認證的天文台腕錶須再經過為期 10 天的嚴格測試程序，包括置於 15,000 高斯磁力環境、深水、六方位以及滿鍊與貧鍊等八種測試狀況下檢驗其精準度，根據機芯類型和尺寸，確保通過每天 0/+5 至 0/+7 秒的標準。

每一只通過萬寶龍500小時檢測的腕錶都會附上認證證書。

Montblanc Laboratory Test 500
Le Montblanc Laboratory Test 500
Der Montblanc Labortest 500
萬寶龍 500 小時全方位測試

為朝高階製錶邁進，萬寶龍推動嚴格產品檢測制度，發表「500 小時全方位測試」。檢測項目與 C.O.S.C. 相近，但還有些細節超越 C.O.S.C. 規範，如上鍊性能和裝配檢測、持續走時精準度檢測、防水性能測試等，檢測時間長達 500 小時，每一只通過檢測的腕錶都會附上單獨的認證證書。

Patek Philippe Seal
Sceau Patek Philippe
Patek Philippe-Siegel 百達翡麗印記

百達翡麗使用日內瓦印記長達 120 多年，2009 年宣告以「百達翡麗印記」取代日內瓦印記。百達翡麗鐘錶在製造過程的不同階段，由最初未裝殼的機芯，到裝殼的時計成品，皆經過精準度檢查。百達翡麗印記規定，機芯的走時精度必須確保每天的誤差介於 -1/+2 秒之間，裝配完成的錶款再進行測試。

手錶測試範圍涵蓋了日內瓦印記和瑞士官方天文台認證 C.O.S.C.，且檢測標準超越兩種認證規格，如精準度部分，每款手錶每日誤差值不得超過 -3 ～ +2 秒，直徑小於 20 毫米的小型機芯，每日誤差值則不得超過 -5 ～ +4 秒。搭載陀飛輪裝置的錶款，每日誤差值為 -1 秒～ +2 秒，且在六方位檢測時任一位置最大誤差不得超過每日 4 秒。而有配備 Spiromax® 游絲或傳統寶璣式游絲的錶款則必須符合每日誤差值 -1 ～ +2 秒的嚴格容限要求。

此外，百達翡麗印記亦統一了防水要求，所有具備防水功能的腕錶皆需達到防水 30 米的要求。除了各項嚴苛的功能測試外，手錶、機芯部件的合金或珠寶，都有嚴格規範，如不得使用黏合劑來固定鑽石等。通過測試的腕錶在機芯上均印有百達翡麗印記圖騰，並附有一張獨立簽發的證書。

百達翡麗機芯上鐫刻有雙P的百達翡麗印記徽章。

百達翡麗在2009年推出的百達翡麗印記，測試範圍涵蓋日內瓦印記與 C.O.S.C.認證之測試規格。

Twofold assembly
Assemblage en deux étapes
Die Zweifachmontage 二次組裝

機芯在完成初次組裝後，會進行第二次組裝或安裝。初次組裝旨在確保機芯運作流暢，並且經過嚴格標準的檢測以確認其精準度和性能。隨後，所有零部件將被完全拆解，再次進行清洗、打磨和修飾，然後重新進行第二次組裝和調校。這一過程體現了機芯製作的精密和嚴謹精神。朗格便要求品牌旗下的每一枚機芯皆必須經歷二次組裝的過程。

朗格所有機芯均需進行兩次組裝。

Chapter 6 基礎功能

鐘錶從 16 世紀發展至今，演化出的各式功能不計其數。近幾十年更因製造技術進步，無論如何複雜的功能似乎也做得出來。但對多數人而言，三問、自鳴或陀飛輪等高度複雜功能似乎太遙遠了點，反觀日期顯示、世界時間和計時功能等基礎功能，不僅實用，也更容易入手。要認識鐘錶功能，也是先從最簡單的基本功能入門，會更容易理解並產生興趣。本章節會將這些基本功能粗略區分為日曆顯示、時區錶和計時，以及如跳時與逆跳等特殊功能。從機芯零件開始講起，進而深入到運作原理與各種變化，幫讀者在選擇心儀的功能前先做好預習。

百年靈Navitimer B01 Chronograph 43航空計時腕錶星宇航空特別版精鋼款。

康斯登百年典雅賽艇系列自動腕錶。

6-1
日曆功能

日曆顯示算是除了必備的三針外，最基礎的功能。若要論實用性，日曆也絕對是數一數二。製錶師們更應實用需求，設計出星期與月份顯示，甚至出現了可以分辨大小月的年曆，乃至百年無須調整的萬年曆。日期轉動看似簡單，其中學問卻不小，且看各種槓桿與齒輪究竟如何撥動日期轉盤。

BELL & ROSS BR-X5 Iridescent腕錶。

Annual calendar Calendrier annuel Jahreskalender 年曆功能

百達翡麗於 1996 年推出的創新發明，在此之前腕錶僅有普通日曆和萬年曆兩種，創新的年曆功能擷取兩者優點，成為眾多複雜功能當中的閃耀明星。該功能備有日期、星期、月份和 24 小時顯示，可以自行分辨大、小月份天數，唯有在每一年的二月底時，佩戴者需根據當時是否閏年，從 28 日或者 29 日調整到 3 月 1 日，接下來就可高枕無憂一整年。此種腕錶比一般日曆錶更方便，且價位遠低於萬年曆錶。

百達翡麗Ref. 5905R-011飛返計時年曆腕錶。

Calendar display daisy-wheel Roue d'entraînement du calendrier Kalenderanzeige daisy-wheel 日曆帶動輪

日曆帶動輪主要功能是撥動日期環 (date ring)，完成日期轉換動作。

Date disk Disque de date Datumsscheibe 日曆盤

機芯中的日曆盤通常為環狀，上面印有數字 1 至 31 以代表一個月的 31 天。傳統結構中存在「日曆禁區」的說法，就是在每天 20 時到第二天凌晨 2 時之間，盡量不要去手動調節日曆，不然會造成日曆輪內齒的磨損。當然，現代已有品牌推出 24 小時都能自由調節的日曆盤結構。

日曆盤通常為環狀，上面印有數字1至31代表31天。

Date indication Indication de la date Datumsanzeige 日期顯示

配備有日期顯示的錶款，第一只日期功能錶是由勞力士於 1945 年研發問世。

勞力士蠔式恆動日誌型腕錶，3點位置的日期顯示擁有獨特的放大鏡設計。

日期限位桿將日期盤定位，完成換日。

Date driving wheel
Roue entraîneuse de date
Datums-Antriebsrad 撥日輪

撥日輪是一只雙層齒輪，第一層為每日運轉一圈的齒輪，第二層為鉤爪，當撥日輪運轉一圈時，鉤爪會鉤動日期盤步進一格。

勞力士Day-date腕錶的日曆星期轉盤每到午夜時分能同時瞬間變更。

Date jumper Sautoir de date
Datum-Jumper 日期限位桿

當撥日輪第二層的鉤爪鉤動日期盤時，就由日期限位桿將日期盤定位，完成換日。

Day-date Jour-date
Tag-Datum 星期日曆功能

勞力士於 1956 年問世的星期日曆功能，採用了一個別具匠心的日曆星期轉盤裝置，每到午夜時分，腕錶顯示的星期和日曆同時瞬間變更。

Day-date corrector setting wheel
Roue de réglage du correcteur jour-date
Einstellrad für die Tagesdatumskorrektur 日期快撥輪

此裝置可跳過調校時、分針直接調校日期，若手錶放置一段時日，或逢小月，便可快速地調整到準確的日期。

KUDOKE 2腕錶的淺灰色電鍍錶盤與藍鋼指針相互輝映，打造出一種既現代又經典的美感，具備24小時制日夜顯示。

Day / night indication
Indication jour/nuit
Tag/Nacht-Anzeige 晝夜顯示

多為搭配第二地時間腕錶的家鄉時間顯示，特別是採用 12 小時制的第二地時間，必配備日夜顯示，讓佩戴者了解指針或窗口所指示的時間究竟為白天還是晚上。

Full calendar Calendrier complet Voller kalender 全日曆功能

配備日期、星期、月份顯示的錶款，由於結構不及年曆等級以上的錶款來得複雜，因此，手錶無法辨識大小月，所以每逢小月過後必須調校到正確日期，讓月份順利步進。

江詩丹頓Traditionnelle系列全日曆腕錶。

Intermediate date driving wheel Roue intermédiaire de réglage de la date Drehrad für das Zwischendatum 撥日車中介輪

錶冠撥針定位組件之一的日裡車（minute wheel post）與時針輪連動，透過撥日車中介輪來驅動撥日輪。

Month ring Anneau des mois Monatsring 月份環顯示

月份環置於機芯外緣的月份顯示裝置，並直接將十二個凹槽設計於月份環上，槓桿沿輪廓滑動以讀取凹槽深度，並配有一枚心形凸輪積累整個月份的能量，以便在每月最後一天午夜時精準提供所需的動力。為朗格獨創的月份顯示機制。

朗格設計的外圈月份環。

Outsize date Grande date Großdatum 大日曆

有別於一般日曆窗以單一日期環顯示，大日曆窗乃採用兩片獨立的數字盤來顯示，使得日曆數字更大、更清晰而且容易讀取。刻有數字 0 至 9 的環形個位數字盤每天會向前推進，而從第 31 天轉至第 1 天時，則整天停動。刻有數字 1 至 3 的交叉十位數字盤組件和白色空格，每十天向前推進一個單位。當顯示轉至「3」時，交叉十位數字盤在兩天後隨即移至空格位置。近代大日曆窗口的興起，始於朗格錶廠在 1994 年回歸錶壇時所推出的代表性 Lange 1 腕錶的重要特色功能。

朗格Grand Lange 1的大日曆顯示為品牌的標誌設計之一。

6-2
多時區功能

自從世界時區的概念在第一次世界大戰的推波助瀾下逐漸普及，再加上人類發明了飛機之後，往來世界各地的旅客越來越需要隨時隨地注意多個地區的時間。於是出現了將 24 個時區整合在一起的世界時區腕錶，更在日後因應使用習慣，設計出兩地時間功能。如果要找一種功能反映出鐘錶業自 17 世紀以來的重大突破，非時區功能莫屬。

百達翡麗5330G-001世界時區腕錶。

Benchmark
Référence temps mondiale
Benchmark 世界時區功能基準點

錶盤 12 點鐘位置的三角時區環上的三角形基準點，對準世界時區環上代表本地時區的城市名，內圈小時環則與時針同步顯示當下的時間。

卡地亞在為飛行創作的Santos腕錶上搭載雙時區功能，更是體現了製錶業突破時空界限的時代精神。

Dual time Double fuseau horaire
Doppelte zeitzone 兩地時間

又稱為雙時區，這類錶款可同時顯示本地時間和另一個時區的時間，以方便周遊世界各國的旅客或經常出差的商務人士。各品牌顯示第二地時間的方式不盡相同，有使用中軸指針，也有用獨立副盤、數字視窗等形式，在刻度方面，有的採用 12 小時制另外再附上晝夜顯示，也有直接用 24 小時刻度。

萬寶龍1858 系列 Geosphere 零氧腕錶搭載MB 29.25自動機芯，配備自製世界時間複雜功能，包括南北半球可旋轉式地球儀。

Geosphere Geosphere Geosphere
Geosphere 南北半球世界時

將南北半球分別顯示的世界時間功能，是 1858 系列 Geosphere 的標誌性功能，12 時與 6 時位置設南北半球轉動地球儀，並以分佈在陸地上幾個藍色小圓點標記出七大洲最高峰的所在位置；南北半球的晝夜指示與 24 小時指示分別呈現在南北半球外緣的刻度上。

GMT GMT GMT 第二地時間腕錶

雖然 GMT 應為格林威治標準時間，但目前在鐘錶領域中仍慣以 GMT 統稱第二地時間腕錶。

百年靈Chronomat機械兩地時間自動腕錶揚尼斯·安戴托昆波特別版。

Summer time Heure d'été
Sommerzeit 夏令時

又稱夏季日光節約時間或日光節約時間，由於部分國家夏天日照時間長，因而將標準時撥快 1 小時，分與秒不變，如此便可早睡早起、節約用電。

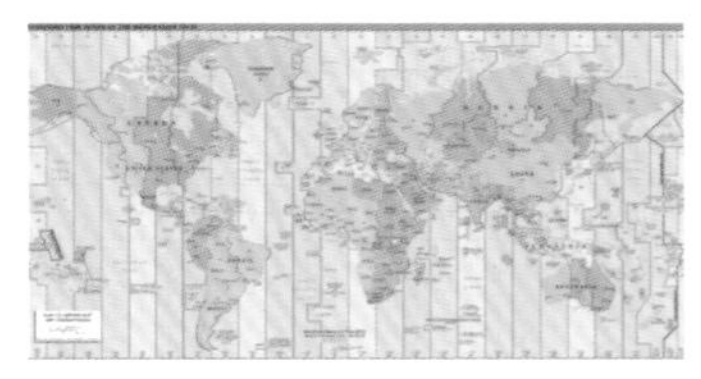
世界時區以英國倫敦格林威治天文台的經線設定為0°經線，每隔經度15°算一個時區，劃分出24個時區。

Time zone Fuseau horaire Zeitzone 世界時區

加拿大太平洋鐵路總工程師 Sandford Fleming 在 1879 年首度提出將地球分為 24 個時區的概念，此提議在 1884 年的華盛頓會議上得到採納。

萬國錶噴火戰機UTC環球時間飛行員腕錶「MJ271」特別版。

UTC (Coordinated Universal Time) UTC (Temps Universel Coordonné) UTC (Koordinierte Weltzeit) 世界協調時間

GMT 世界時區系統於 1885 年 1 月 1 日被全球正式採用，但部分國家並不適用，1982 年 1 月 1 日，國際電訊聯盟（UIT）決定以 UTC 世界協調時間取代 GMT，以修正由於地球在軸心上自轉而使全年每天時長並不一樣的世界時間。

百達翡麗7130R-014世界時區腕錶。

Winter Time Heure d'hiver Winterzeit 冬令時

冬令時是在冬天使用的標準時間。在使用日光節約時制的地區，夏天時鐘撥快一小時，冬天再撥回來。這時採用的是標準時間，也就是冬令時。

康斯登Classics Worldtimer Manufacture百年典雅自製機芯世界時區腕錶。

World time Hontre horaire mondiale Weltzeit 世界時區腕錶

世界時區功能 1931 年由 Louis Cottier 所設計，並在 1935 年的世界時區腕錶結構 Heures Universelles 中進一步將 24 個時區容納在同一個錶盤上。1950 年，柯提再將世界時區功能改良成為具備更高穩定性和精確度的雙錶冠設計，將時區標示於錶盤上，通過旋轉式雙層錶盤呈現，讓複雜的時區更加清晰易讀。

6-3 計時功能

與問錶、萬年曆及陀飛輪相比，計時功能是最普遍也最多人賞玩的複雜功能，除了製作成本較低外，在20世紀間為了應對戰爭等實際需求，也讓計時功能變得更為普及，因此開發出多種機制與功能變化。也正因為它如此常見，優劣難以判斷，才更需要深入認識，找出能讓自己認同其價值的計時逸品。

康斯登Highlife系列自動計時碼錶。

Nicolas Rieussec發明的墨水計時器，成為萬寶龍明星傳承系列Nicolas Rieussec計時腕錶的設計靈感來源。

Chronograph Chronographe Chronograph 計時碼錶

又稱跑馬錶，計時功能是用於計算某個事件從發生到結束所花費的時間。首次出現於 1816 年，法國製錶師 Louis Moinet 研發出史上第一枚具備可獨立操作計時功能的計時懷錶。1821 年，Nicolas Rieussec 為法國國王路易十八製作了用墨水標記時間長短的計時器。計時功能的運作原理是按壓計時按把，推動導柱輪或凸輪等啓停裝置，並透過啓停裝置帶動槓桿，使原本閒置的計時秒輪與秒針輪嚙合。再按壓一次按鈕便會讓兩個齒輪再次分離以暫停計時。另有歸零按鈕讓計時秒針返回原點，以便反覆操作。

朗格1815 Rattrapante搭載的L101.2機芯配置導柱輪裝置。

Column-wheel Roue à colonnes Säulenrad 導柱輪

計時碼錶有計時與走時層兩部分，兩者以一系列槓桿控制的計時中介齒輪（chronograph intermediate wheel）連接，完成啓動、停止與歸零的動作，導柱輪便是負責將來自計時按鈕的力量，轉化為推動計時機制運作的訊號。導柱輪有雙層冠狀棘輪，下層棘齒接收到按鈕按壓的力道後轉動，帶著上層冠狀齒推動計時輪系與走時秒輪連接。

積時盤。

Counter Compteur Zähler 積時盤

用來累積計時的小時數跟分鐘數的小錶盤，所以有分鐘盤（minute counter）和小時盤（hour counter），多數計時碼錶都有這兩種積時盤，但也有錶款只有分鐘盤。

朗格專利的分離齒合裝置。

Disengagement mechanism Mécanisme de désengagement Isolator-Mechanismus 分離齒合裝置

朗格發明的專利分離齒合裝置，通過追針中央齒輪和追針積分盤齒輪上的兩個分離齒輪，在停止計時後，可以將持續旋轉的追針心形凸輪分離，從而防止振幅流失，以穩定機芯速率，例如此裝置被應用於朗格的 Double Split 雙重追針腕錶和 Triple Split 三重追針腕錶。

Flyback Chronomètre rétrogradé / Fonction retour en vol Flyback 飛返計時

一般計時碼錶的操控是「啓動－掣停－歸零」三步驟完成才能重新啓動，開始下一輪計時。飛返計時則是將掣停、歸零與再啓動三個動作合一，適合反覆計時之用。

運作原理是在計時系統中增加一個飛返離合槓桿與歸零按鈕連動。當計時正在進行時，按下歸零按鈕，推動此槓桿把中介齒輪推離計時秒針輪，並由歸零鎚將計時秒輪歸零。放開歸零按鈕後，離合槓桿壓力消失，便會讓中介齒輪再次落下與計時秒輪嚙合重新計時。

宇舶自製的HUBLOT 1280自動飛返計時碼錶機芯。

Foudroyante Foudroyante Foudroyante 閃電計時秒針

在計時碼錶的小錶盤中，以每秒一圈的速度運轉之指針。小錶盤也附有數個刻度，依照不同的機芯，可計算到 1/4 秒、1/5 秒、1/6 秒，甚至是 1/8 秒。雖然閃電計時秒針通常是以小錶盤形式出現，但也有會將之設計為中央指針。

真力時DEFY Extreme Jungle叢林限量版腕，中央計時秒針以每秒一圈的高速計時。

Heart cam-piece Came à cœur Herznocken 心形凸輪

形狀猶如心形，可讓計時指針迅速歸零的裝置。

心形凸輪可讓計時指針迅速歸零。

Horizontal clutch Embrayage horizontale Horizontale kupplung 水平離合

在計時機芯中，秒針輪永遠與一個中介計時驅動輪連接在一起，當計時功能啓動時，驅動輪受到槓桿撥動才會與計時秒輪嚙合。由於一切動作都位於同一個水平面上，因此稱之為水平離合。與垂直離合相比，優點是方便維修且易於調整，但製作較為費工。

水平離合結構的視覺效果遠勝於垂直離合結構。

百達翡麗5204G萬年曆雙秒追針計時碼錶，搭載CHR 29-535 PS Q手動機芯。

Isolator Isolateur Isolator 隔離器

相關部件有：隔離器齒輪（isolator wheel）、隔離器栓（isolator pin），整組部件用來離合追針與另一枚計時秒針。

萬寶龍1858系列單按把計時腕錶Unveiled Minerva限量款100。

Mono-Pusher chronograph Mono-poussoir Mono-pusher 單按把計時

以單一按把操作啓動計時、掣停及歸零三個動作。當懷錶剛開發出計時功能時，便是以單按把計時為主。與雙按把計時最大不同處在於其導柱輪結構又再多出一層齒牙，藉以與歸零裝置連接。整體結構也較雙按把計時單純，對機芯穩定度頗有益處。

朗格的精確跳分積分盤。

Precisely jumping minute counter Compteur minutes sautantes Der Exakt Springende Minutenzähler 精確跳分積分盤

不少計時碼錶的積分盤並非連續方式前進，有時需要 1 至 2 秒切換過程，因此往往在整分的最後 1 秒鐘，計分指針已經先跳動，從而造成誤判計時結果。朗格所設計的精確跳分積分盤，通過專利可調校式切換槓桿設計，計時秒輪轉動一圈完成後，才會連動積分槓桿勾動計分齒輪，從而確保計分顯示為正確的時間。

百達翡麗5172G-010計時碼錶，計時秒針處於歸零狀態。

Reset Remise à zéro Rückstellung 歸零

一般計時碼錶啓動後，必須先掣停，接著再按歸零按鈕，讓所有計時指針回到起始點。歸零功能必須在計時功能暫停的狀況之下才能操作，否則將會損壞機件，除非是具備飛返計時的計時碼錶，才能夠在啓動計時功能的狀況下操作歸零功能。

Reset hammer
Marteau de remise à zéro
Rückstellhammer 歸零錘

歸零機構主要由歸零槓桿和歸零錘負責，按下歸零按鈕，歸零槓桿末端延伸的歸零錘會同步推動所有的歸零凸輪，帶動所有計時齒輪回到起點。

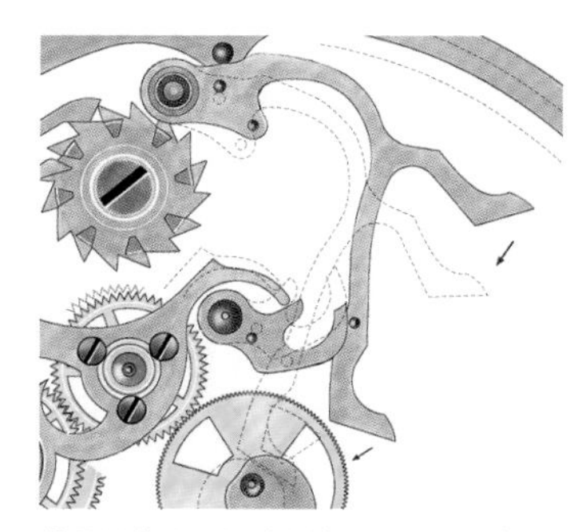

歸零錘敲擊位於計時輪上的心形凸輪，讓秒針歸零。

Split-second chronograph
Chronographe à rattrapante
Split-Sekunden-Chronograph
追針計時

面盤上有兩枚重疊的計時秒針，其中一枚會在按下追針按把後定住，並於再次按壓追針按把時瞬間追上另一枚持續轉動的計時秒針。此功能目的在測量在同一時間發生，持續時間卻不同的兩個事件。雙追針的機械結構比一般計時功能複雜許多，除了必須配置一組追針夾鉗夾住追針輪外，還需增加一副心形凸輪幫助追針輪瞬間追上計時秒針輪。

百達翡麗5370P-011雙追針計時碼錶，中央設有兩根計時秒針。

Twinverter Twinverter
Twinverter 雙向轉換器

2022 年 MB&F 首款計時碼錶誕生，LM Sequential EVO 鋯金屬計時腕錶以前所未見的追分追秒計時功能問世，兩組計時碼錶分列兩側，並分別以上下兩枚按鈕操控，但更特別的是，位於 9 點鐘位置的按鈕，可以「反向」操控進行或停止中的兩組碼錶功能。2024 年，品牌為這款創新碼錶再增添了飛返計時的功能，推出 LM Sequential Flyback Platinum。

MB&F LM Sequential Flyback Platinum擁有獨創的反向操控兩組碼錶動作的機制。

Vertical clutch Embrayage vertical
Vertikale Kupplung 垂直離合

垂直離合，指的是將計時秒輪垂直安置在走時秒輪正上方的一種離合結構。兩個秒輪之間有鉗夾，從而控制走時輪系與計時輪系的結合與分離。使用這種結構的計時機芯，最大優勢在於相比水平離合更加穩定及耐用，但通常略厚。

垂直離合結構中的計時啓動轉盤。

6-4
其他功能

除了日曆與計時等常見功能外，製錶師們還另外開發出許多以新奇見長的特殊功能。這些功能不見得會像日曆那麼實用，卻頗有出奇制勝的效果。其中一些主打美感，如月相盤與星空圖；也有些像逆跳指針與跳時功能般變化明顯，引人注目。此外，本小節也額外收錄了許多品牌各自研發出的專屬功能。

愛馬仕Arceau Petite Lune ciel etoile小月相腕錶。

Alarm spring barrel
Barillet de ressort de l'alarme
Wecker-Federhaus 鬧鈴發條

獨立於走時輪系之外的發條盒，專門提供鬧鈴裝置所需動能。

Alarm watch Montre à alarme
Alarmuhr 鬧鈴錶

利用機芯內的響錘敲擊鑲在底蓋內側的音柱，藉敲擊令底蓋產生震動而發聲的腕錶。

VULCAIN具鬧鈴功能的腕錶。

Astronomic watch
Montre astronomique
Astronomische Uhr 天文錶

天文錶主要應用於天文測時或航海計時，通常可以提供高度複雜的功能，例如恆星時間、雙時區或世界時、潮汐、星圖、 月相、以及黃道十二宮等。

BOVET的Récital 20 Astérium天文腕錶不僅顯示天文星圖，還具備多項複雜功能，包括星體日曆、逆跳分鐘顯示、年曆、月相、24小時制時間指示、黃道十二宮、春分秋分等天文數據。

Dead-beat seconds
secondes sauteuses
Springende Sekunde 跳秒

跳秒，又名 Jumping seconds，是機械錶的一項特殊功能。指的是秒針以一秒一跳的方式前進。

Function selector
Sélecteur de fonctions
Funktionswähler 功能選擇器

原理類似汽車的變速箱排擋，當錶冠拉出後，可以通過按壓錶冠中間的按鈕，選擇 W（上鍊）、N（空檔）或 H（手動設定）位置。這個特別的機芯系統無需將錶冠拉到不同位置而變換功能，從而避免由於過度上鍊及拉動錶冠而對機芯內部部件的損傷，從而實現對機芯的最佳保護。

RICHARD MILLE的功能選擇器功能。

RICHARD MILLE RM 36-01 SEBASTIEN LOEB陀飛輪重力測量腕錶。

G-Sensor G-capteur
G-Sensor 重力感應裝置

應用於賽車手或高爾夫球手的比賽與訓練中所佩戴的腕錶之上，可以測量出佩戴者在運動過程中身體所承受，或者手腕揮動中所發出的重力值。此技術為 RICHARD MILLE 品牌的專利技術。RICHARD MILLE 的工程師開展了多項研究，最終打造出能夠測算重力加速的新型機芯。該重力感應裝置能夠顯示腕錶佩戴者駕車期間，在加速、減速時所承受的累計重力 G 值和轉彎時的離心力。基於質量換算的原理，指針可指示動作的強度，只需按下按鈕就可輕鬆歸零，部分腕錶通過旋轉錶圈也可根據記錄的 G 值的特性來調節測量系統。

香奈兒Monsieur Superleggera腕錶的跳時視窗位於6點鐘位置。

Jumping hour Heures sautantes
Springende stunde 跳時

不使用指針，而是在視窗中以數字轉盤顯示小時數字。

以直線型排列呈現的動力儲存指示。

Linear Power Reserve
Réserve de marche linéaire
Lineare Gangreserve 線性動力儲存

是指通過線性顯示方式來指示機械腕錶的剩餘動力。傳統的動力儲存顯示通常以弧形或圓形的指針呈現，而線性動力儲存以直線形式顯示動能狀態，使佩戴者更直觀地了解發條盒的上鍊狀態。

康斯登百年典雅月相日曆自製機芯腕錶。

Moon phase / Moonphase
Phase de lune
Mondphase 月相顯示

描述從地球上觀測月亮盈虧狀態之功能。通常是以鑲嵌或繪有月亮圖騰的轉盤，透過獨立顯示窗來呈現，也會有以指針方式指示。由於月相變化週期的平均長度是 29.530588 日，各品牌採用裝置複雜度不同，影響著月相顯示精度。有的月相錶大約兩年又七個月須調校一次，高精度月相則每隔 122 年又 44 天，有的甚至五百多年、一千多年才需要調校一天。

Orbital Moon phase display
L'Affichage orbital des phases de lune
Die orbitale mondphasenanzeige
軌跡月相顯示

朗格為展現當前月相，以及觀測者在北半球觀望月亮、地球和太陽的位置所設計的專利月相顯示系統。該顯示由天體圓盤、其下方的月球圓盤和置於中央的地球圓盤組成。地球圓盤設於天體圓盤的中央，每天 360 度旋轉一周，透過天體圓盤的圓形視窗可看到月球相貌，擺輪則代表著太陽的位置。軌跡月相顯示準確追蹤月球 29 日 12 小時 44 分 3 秒的朔望軌道，1058 年後才會出現一天的偏差。

朗格Richard Lange Perpetual Calendar "Terraluna"腕錶。

Power-reserve indicator
Indicateur de réserve de marche
Gangreserveanzeige
動力儲存指示

為了讓佩戴者明確地掌握機芯動力儲存狀態，因此有了此一裝置。通常儲能指示設在面盤上，但有部分錶款將動力儲存指示設置於錶背。

宇舶MP-10雙垂直上鍊陀飛輪鈦金腕錶將動力儲存設計成圓筒狀。

Retrograde Rétrograde
Retrograde 逆跳

指的是指針運行並非環繞一周，而是沿著扇形移動。當指針走到弧形盡頭時，會瞬間跳回至另一端。逆跳指針可運用在小時數、分鐘數、秒數，甚至是日期指示上。

江詩丹頓Patrimony逆跳星期日曆腕錶。

Sky chart Affichage céleste
Himmelskarte 星空顯示

Sky chart 又名 Celestial Chart，可從錶盤或錶背的顯示盤顯示星空運行的狀況，星空盤是以恆星時（sidereal time）的運行設計。

百達翡麗Ref. 6002R-001在錶背顯示出極精密的星空圖。

百達翡麗全新Cubitus系列具有停秒功能。

Stop-second
Stop-second
Stopp-Sekunde 停秒裝置

停秒裝置就是拉出錶冠時，秒針就暫時停止，主要用來精確調校時間。該功能是藉由離合裝置，在拉出錶冠時透過連桿的動作壓制擺輪，讓秒針停止，此裝置目前相當普遍。

沛納海PAM00920，於4點鐘與8點鐘位置設有日出和日落時間指示。

Sunrise & Sunset
Le lève et couche du Soleil
Sonnenaufgang und Sonnenuntergang
日出與日落時間

根據日期，顯示特定地點的日出和日落時間。這項功能通常由凸輪控制，如果凸輪未與日曆同步，則顯示出來的日出日落時間和實際的將會有誤差，而且會越來越大。

崑崙與日內瓦天文台和法國海軍的水道測量及海洋服務合作，經過 3 年研發，專為顯示潮汐功能而打造。

Tide Marée
Gezeiten 潮汐

腕錶上的潮汐功能，是基於天文科學而來的，主要是顯示任何特定海岸線或海洋上目前潮汐狀態和變化趨勢。

江詩丹頓Traditionnelle Twin Beat萬年曆腕錶。

Twin beat Twin beat
Twin beat
雙振頻

江詩丹頓正在申請專利的系統，該系統允許腕錶在高振頻啓用模式（5 赫茲）和低振頻待用模式（1.2 赫茲）之間切換，無損耗動能。啓用模式提供精確計時，而待用模式則延長動能儲存時間至最多65 天。這一系統通過單一主發條盒驅動不同頻率的平衡擺輪，確保能量高效分配並顯示單一動力儲存。

UP/DOWN Power Reserve Indicator
Indicateur de réserve de marche HAUT/BAS"
AUF/AB Gangreserveanzeige
UP/DOWN 動力儲存指示

UP/DOWN 動力儲存指示用來指示主發條盒的儲能狀態，可提醒佩戴者何時需要幫腕錶重新上鍊，以確保腕錶隨時保持正常運行。「UP」（AUF）代表主發條盒處於滿鍊狀態，當指針位於 UP 時，無須幫腕錶上鍊，「DOWN」（AB）則代表發條盒的能量即將用完，需要重新上鍊，這是朗格腕錶獨創專有的設計特色。

朗格Datograph大日曆計時動力儲存指示腕錶。

Zeitwerk Jumping numerals mechanism
Mécanisme à chiffres sautants du Zeitwerk
Sprungziffermechanismus
Zeitwerk 專利跳字式顯示

運用於朗格 Zeitwerk 時間機械腕錶中的專利創新顯示系統。不同於傳統的指針式顯示，而是通過三個數字圓盤的快速跳動來顯示小時和分鐘，提供全新的時間讀取方式，該專利技術不僅確保數字盤在每小時和每分鐘同步跳動，還避免了時間顯示的滯後或不一致，確保時間顯示的精準性和一致性。

朗格Zeitwerk專利跳字式顯示。

Zodiacal signs
Signes du zodiaque
Tierkreiszeichen 黃道十二宮

地球繞太陽公轉的軌道平面無限擴大而與天球相交的大圓，就是黃道。擁有黃道十二宮功能的手錶，所顯示的便是太陽於每年 12 個月中在每一宮中停留與活動的情況。

CHRISTIAAN VAN DER KLAAUW Orion 星空顯示腕錶。

Chapter 7
複雜功能

在鐘錶相關的新聞或專欄中，「頂級」這個字眼的出現機率相當高，但究竟頂級一詞該如何定義？若以機械錶而論，複雜絕對可以和頂級畫上等號，結構和功能越複雜，也就越能讓人信服其頂級身價。

相信許多人只聞複雜時計之名，卻未必精通各項複雜功能的運作原理。在前面幾個章節中，已大致介紹了機芯結構與各項基礎功能，讀者們都已對機械錶有了基本認識。從這一章起，我們將會更深入地解析問錶、萬年曆與陀飛輪這三大複雜功能的結構、零件與歷史。內行看門道，摸熟了這些繁複機制，就像是打開了頂級腕錶鑑賞的大門，從此悠游於機械與藝術美感中，其樂無窮。

香奈兒J12 Caliber 5 鑽石陀飛輪腕錶。

FERDINAND BERTHOUD Chronomètre FB RES腕錶。

7-1 報時問錶

從古羅馬時代的水鐘，到 17 世紀末報時鐘錶開始登上歷史舞台，都採用敲擊報時。當報時樂聲響起，連盲人也能知道時間。所謂問錶不單單是被動地定時敲擊，而是可以通過操作讓鐘錶報時，任何時候都可以得知正確時間。為了讓幾個音符至臻完美，製錶師可謂殫精竭慮，不放過任何細節，這也是為何問錶會成為鐘錶中所能加載的最複雜、最頂極的功能。

百達翡麗5178G-012三問腕錶。

Bell Cloche Glocke 鈴

早期的報時鐘或報時錶的鳴響裝置，是在錶殼殼體背面裝有一個類似碗狀的鈴，報時是利用音錘敲鈴來發聲。

製作於十八世紀初期的鐘鈴問錶，圖片中黑色類似碗的形狀，就是用來發聲的鐘鈴。

Blade Gong Gong à lame Klingengong 刀刃音簧

提到音簧，就必須提到製錶大師François-Paul Journe。他發明的刀刃音簧完全顛覆了寶璣大師確立的經典圓環狀音簧結構，而將其變為彎曲刀刃狀的雙層複合簧片結構，每個簧片厚度只有 1 毫米，既提高了聲音清脆度和響亮度，同時還減少了音簧佔用的空間，有助於將機芯做大。

F.P. JOURNE的Sonnerie Souveraine大自鳴腕錶所採用的獨特扁平式刀刃音簧。

Carillon Carillon Glockenspiel 鐘樂問錶

原意為排鐘、音樂鐘，但用於問錶，則代表可以敲擊出三個（含）音階以上的問錶，這類問錶稱為鐘樂問錶。如果是鐘樂三問錶，則報時、報分同樣是單音，只有在報刻時會有三個音階以上的連續旋律。

Crystal gong Gong en cristal Kristall-Gong 水晶音簧

音簧採用獨特的合金材料製造，一體成型，音簧的橫切面為方形而非圓形，使之與音錘接觸面更大，改善敲擊質量。

Delayed numerals switching Changement de chiffres différé Verzögerter ziffernsprung 延遲數字轉換

這是朗格 zeitwerk 時間機械腕錶中涉及時間數字盤視窗切換的機制。由於報時鳴響和數字盤切換會同時運作，為避免兩者同時執行造成能量分配不均，故採用了延遲轉換機制。通過精確的結構設計來妥善安排報時與時間顯示功能的優先順序，這樣能確保能量均勻釋放和充分利用。在朗格的機芯結構設計中，當三問機制的發條完全釋放後，跳字機制的齒輪才會推進，從而保證機芯不會在運作過程中損壞。

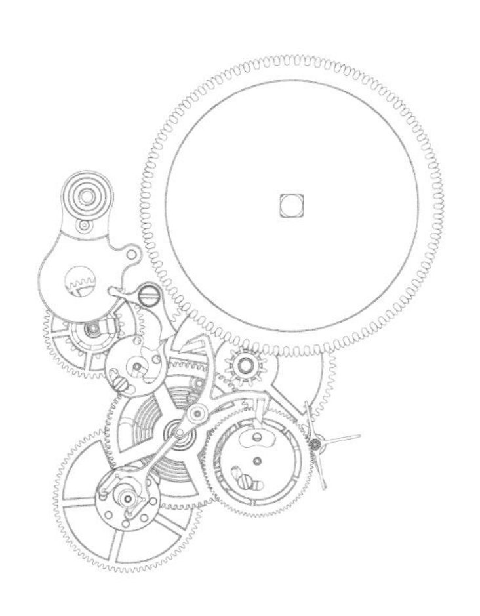

延遲數字轉換機制為朗格專利之一。

Decimal repeater
Répétition décimale
Dezimal-Repeater 十分問錶

跟三問錶相似，報時和分鐘數，但十分鐘制是以十分鐘為單位來取代報刻的報時模式。

Ear lobe shape gong
Gong en forme de lobe d'oreille
Gong in ohrläppchenform
耳垂狀的音簧

寶璣在 Tradition 7087 三問報時陀飛輪腕錶上將音簧固定於錶圈上，由音錘沿垂直方向擊打，音錘沿從機芯到錶圈的方向垂直敲擊音簧，可促進向輻射單元傳遞振動並形成空氣振動。

寶璣在Tradition 7087三問報時陀飛輪腕錶採用耳垂狀音簧。

Five minute repeater
Répétition cinq minutes
Fünf-Minuten-Repetition 五分問錶

以五分鐘為一個報時的單位問錶。

繞行音簧近兩圈的音黃，被稱為大教堂音簧。

Gong Gong Gong 音簧

一般而言，音簧是環繞著機芯的鋼製管狀零件。報時裝置啓動時受到音錘敲擊，通過振動產生共鳴而發出聲音。由於中空管音量較響，音簧連結到錶殼產生共鳴，聲音可更為響亮。至於某些繞行機芯幾近兩圈的音簧，則稱為大教堂音簧，音質更佳也更持久。

百達翡麗6301P-001三錘鐘樂大自鳴腕錶。

Grande sonnerie Grande sonnerie
Grande sonnerie 大自鳴

每經過一刻鐘即 15 分、30 分、45 分以及每個整點時，皆會自動打簧報時，又稱為打全套。比一般三問錶多一組功能切換機制，可打全套、半套或靜音。

Half quarters Demi-quarts Halbviertel-Stundenschlag 報半刻錶

以七分半鐘為一個單位的報時方式。直到 1750 年左右三問報時模式出現，報半刻才逐漸被取代。

通常音錘被固定在機芯側邊，其底下配置著三問打簧機構，裡面包含專屬發條盒以及各式複雜零件，用來運作整個報時動作。

Hammer Marteau Hammer 音錘

問錶中敲擊音簧之零件，實際上是通過在小型槓桿的一端增加重量，敲擊音簧而發聲。形制亦隨時代演進而有差異，早期有的音錘狀如榔頭，現代音錘多為鋤狀設計。

Hour repeater Répétition des heures Stundenrepetition 小時報時問錶

僅在整點報時的問錶，這種懷錶時代最簡單功能的問錶數量稀少，所以在腕錶上幾乎不見蹤影。

宇舶錶Big Bang 大教堂三問陀飛輪計時碼錶。

Minute repeater Répétition des quarts Minutenrepetitor(Minutenrepetition) 三問錶

原意為報分錶，其實是報時、報刻、報分，故稱三問。鳴響機制通常運用低音錘、兩錘合擊、高音錘分別敲擊出代表時、刻、分的音階。以 11 點 59 分為例，低音錘敲擊音簧 11 次代表 11 點，高低音兩錘交替敲擊音簧三次代表 45 分，接著高音錘敲 14 次，合計 59 分。

通常自鳴錶，都有個選擇開關，選擇S代表靜音；選G表示打全套即大自鳴的意思；P則是打半套即小自鳴的意思。

Petite sonnerie Petite sonnerie Minutenrepetition 小自鳴

又稱為打半套，只在每個整點時自動打簧報時。

寶璣No. 3023，小號二問報時錶。

Quarter repeater Répétition des quarts Viertelstundenrepetition 二問錶

二問錶是報時錶的衍生品種。整個 18 世紀中，兩問錶成為最主要的問錶種類，兩問錶可以發出兩種不同的音調，分別報「時」和「刻（15 分鐘）」。佩戴者可以通過錶殼上的按鈕或撥柄來啓動一系列裝置從而通過不同的音調來報出當前的「時」「刻」（quarter），一般二問錶每小時發出一個低音，每一刻鐘發出一個高音、一個低音。

打簧結構中包括報分、報刻還有上鍊都需要運用到齒軌。

Rack Râteau Riegel 齒軌

啓動問錶打簧機構時，所使用帶有直線形齒牙之鋼製零件，負責觸發報時系統。

飛輪是目前多數報時錶款會採用的調速裝置。

Regulator Régulateur Regulator 調速器

由於打簧報時裝置仰賴動力推動，為避免動力輸出不均而影響打簧節奏，在報時結構中會加入調速裝置來控制動力輸出，飛輪是目前多數問錶最常使用的調速裝置。

Repeating train Modules de répétition Repetitionstrieb 報時裝置

1. 擁有專用發條盒提供動力，只要撥動滑簧或撥桿推到底，上鍊齒軌便會帶動發條盒軸心，替發條盒上滿鍊，並釋出動力，推動報時齒軌觸桿（hour rack arm）接觸報時蝸形凸輪（hour snail），讀取敲擊次數，再由報時圓齒弧與報時尖弧齒撥動音錘敲擊音簧，報出小時數。

2. 為了區隔報時、報刻間歇時間，報時裝置有延遲組件，在音錘與音簧結束報時後，動力才釋放傳到報刻齒軌觸桿，然後接觸報刻蝸形凸輪，讀取敲擊次數，再由報刻圓齒弧與報刻尖弧齒撥動音錘敲擊音簧，報出刻數。

3. 同樣地，報完刻數後，動力傳至報分齒軌接觸四葉各有 14 層階梯的報分蝸形凸輪，進而啓動報分動作。

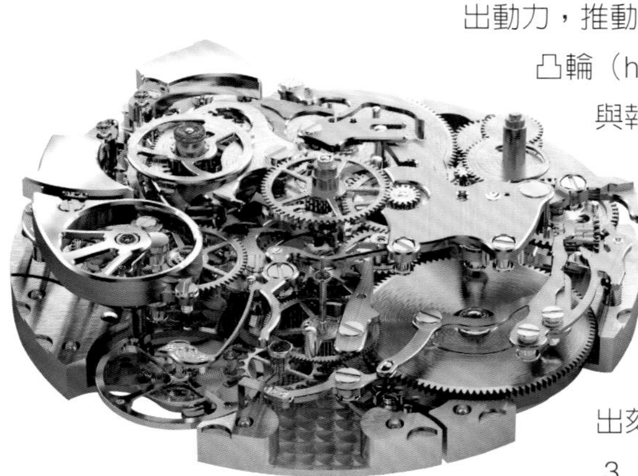
蕭邦L.U.C 08.01-L三問報時機芯可完整欣賞報時裝置運作。

Repeater watch Montre à répétition Uhr mit repetition 報時錶

或稱問錶，報時裝置藉由響錘跟音簧敲擊的聲音來顯示時間，不過，早期的報時鐘或是報時錶採用的鈴（bell）為碗形而非現行管狀的簧。三問錶的鳴響機制亦根據裝置複雜度而有不同變化，如兩錘兩簧、三錘三簧、四錘四簧等。

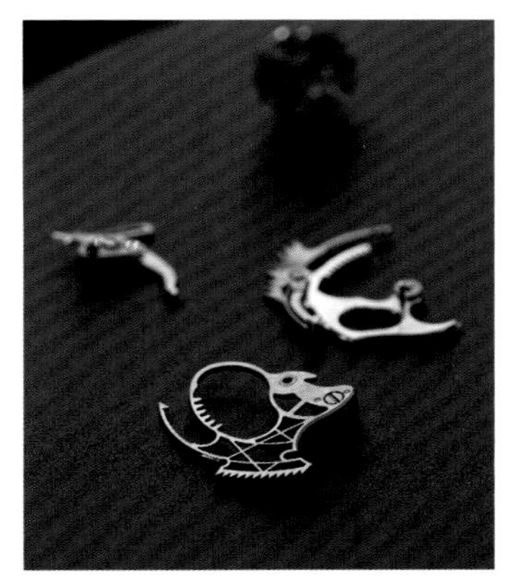

Slide piece Glissoire Schiebestück 報時滑簧、撥桿

位於問錶錶殼側邊的報時撥桿，往下或者往上撥到底後同時幫報時機構上鍊並啓動報時裝置，撥完後會自動歸位。

報時功能輪系除了音錘外，還包括蝸形輪、齒軌與飛輪調節器等零件。

Snail wheel Came à coquille Schneckenrad 蝸形凸輪

蝸形凸輪是決定問錶敲擊次數的部件，依報時、報刻、報分，分別對應有報時蝸形凸輪（hour snail）、報刻蝸形凸輪（quarter snail）以及報分蝸形凸輪（minute snail）。

Striking mechanism Mécanisme de sonnerie Schlagwerk 報時功能機制

使鐘錶敲擊鳴響的複雜功能。打簧報時功能有多種形式，包括當需要時才會被啓動的三問報時；自動在整點及每刻鐘打簧的大自鳴功能以及只自動在整點打簧報時的小自鳴，而大自鳴與小自鳴也同時兼具三問報時功能。至於西敏寺鐘聲問錶則是指擁有四音簧四音錘，報時聲模仿西敏寺教堂的鐘聲，是報時功能中最複雜的形式。

Striking train Train de sonnerie Schlagwerkgetriebe 報時功能輪系

輪系上裝載音錘釘銷（pins），當動力帶動此輪系作動時，輪系會驅動音錘釘銷，讓音錘敲擊音簧，完成報時。

百達翡麗6300大師弦音超複雜雙面錶的打簧報時機制。

7-2 萬年曆

萬年曆功能，讓鐘錶以最接近永恆的姿態出現在人們面前。此功能之所以令人痴迷，主要是基於實用性，因為它通常具有超過百年以上無須調校日期的特性，這種特性奠基於縝密的齒輪配置，需要經過極精確的計算，將未來數十年乃至百年後的日期誤差都考慮在內，才製作出這麼一條通往「永恆」的時光隧道。

MB&F Legacy Machine Perpetual萬年曆腕錶。

Chinese perpetual calendar
Calendrier perpétuel chinois
Chinesischer Ewiger Kalender
中華萬年曆

江詩丹頓The Berkley超卓複雜鐘錶是世界上首枚搭配中國曆法的萬年曆時計。

乃世界首創。江詩丹頓花費了 11 年研發，將複雜農曆分解，設置三個機械中樞分別控制機芯的三套凸輪和齒輪系統，各自驅動陰曆月週期、陽曆年週期和默冬週期。使農曆可以像常見的公曆萬年曆錶那樣，以機械方式準確運行 100 多年至 2200 年。

Equation of time
Équation du temps
Gleichung der zeit 時間等式

沛納海PAM00670搭載了獨特直線形時間等式功能指示。

時間等式在於計算真太陽時（Solar time）和鐘錶所指示的平均太陽時（Mean time）之間的差異。由於地球公轉軌跡偏橢圓形，兩者事實上在 4 月 16 日、6 月 14 日、9 月 1 日和 12 月 25 日的前後，時間會互相吻合，均時差為 0。在其他日期時，時間差可以從 11 月 4 日的負十六分二十三秒到 2 月 11 日的正十四分二十二秒。

Gregorian calendar
Calendrier grégorien
Gregorianischer Kalender
格列高利曆

格列高利十三世。

又簡稱為格里曆，也就是現行的公曆，是陽曆的一種，中國在 1912 年開始採用。乃是由義大利醫生兼哲學家 Aloysius Lilius 改革自儒略曆所制定的曆法。格列高利曆由教皇 Pope Gregory XIII 格列高利十三世在 1582 年頒行。根據格列高利曆，每年 12 個月分大小月與平月，大月 31 天，小月 30 天，平月只有 2 月，為 28 天與閏年時的 29 天。而公元年數可以被四整除，即為閏年；世紀年數被 100 整除為平年，可被 400 整除的才為閏年。

百達翡麗5160/500R-001萬年曆的閏年顯示位於12點鐘位置以羅馬數字顯示。

Leap-year indication
Indication des années bissextiles
Schaltjahr-Anzeige 閏年顯示

基本上因為每四年就有一次閏年，因此該裝置通常會以一到四的羅馬數字或者阿拉伯數字顯示，其中第四年即為閏年。所以有些錶會以紅色或其他特別顏色標示「4」這數字，有些還會特別以「L」取代四的數字，因為 L 代表 Leap-year（閏年）。

康斯登自製機芯萬年曆腕錶以指針搭配數字刻度來標示閏年年份。

Mean time
Temps moyen solaire
Mittlere Zeit 平均太陽時

相對於真太陽時的即為平均太陽時，簡單地說，就是鐘錶上所呈現的平均時間，一天為 24 小時，一小時為 60 分鐘。

Month star wheel
Roue étoilée des mois
Monatssternrad 月星輪

這種齒輪通常裝置於日曆功能腕錶，與日曆程序齒輪同軸，位於其下，兩者相互連動，平時多處於靜止狀態，只在每個月的月底步進一格，進而帶動月份指示。

Program disk wheel
Roue de formule du calendrier perpétuel
Programmscheibenrad
萬年曆公式齒輪

萬年曆公式齒輪又稱 48 月齒輪，48 齒代表 48 個月，每四年轉一周，齒輪側邊的齒槽有四種深度，分別代表 31、30、29 和 28 四種天數，並依照四年內每個月份的日期長短順序排列，齒輪每四年運轉一周，如此便可計算出大小月和二月的 28 或 29 日。

圖中橫橋夾板底下，有著各種深度齒槽的鋼質齒輪就是萬年曆公式齒輪，它精確控制著每個月份應該是31、30、29或者28天。

Perpetual calendar
Calendrier perpétuel
Ewiger Kalender 萬年曆

一般日曆錶上面的日期功能，永遠是走到 31 日後才跳至 1 日，所以遇到小月的月底時需自行調整。但萬年曆的日曆系統可以自行辨識 30 天或 31 天，甚至平年二月 28 天與閏年二月 29 天也會自行調整。多數萬年曆錶每一百年須調校一次，但逢四百年為閏年時則毋須調校。

百達翡麗5236P-010萬年曆腕錶。

Semi-perpetual calendar
Calendrier semi-perpétuel
Programm-Antriebsrad 半萬年曆

萬年曆錶百年一調，年曆錶逢 2 月即須調校，半萬年曆錶逢閏年才須調校。此類錶款不常見，又稱小萬年曆錶或閏年錶。

百年靈超級機械計時四年曆腕錶44，只需每個閏年或每1,461天調整一次。

Sidereal day Jour sidéral
Sterntag 恒星日

地球自轉一次的時間稱為恆星日，實際上比平均太陽日少了 3 分 56 秒。因此恆星時功能便以恆星位置作為衡量標準，如此測得的時間稱為恆星時（sidereal time）。

Sidereal time Temps sidéral
Sternzeit 恒星時

相對於太陽時（Solar time）以太陽與地球的相對位置為時間標準，恆星時則是以地球真正自轉時間計算，而一天時間為 23 小時 56 分 4.091 秒，與太陽時有若干差距。

Solar time Heure solaire réelle
Sonnenzeit 真太陽時

真太陽時是根據觀測天體運行得到的時間定義，也就是地球自轉和實際繞行太陽公轉來切割時間。

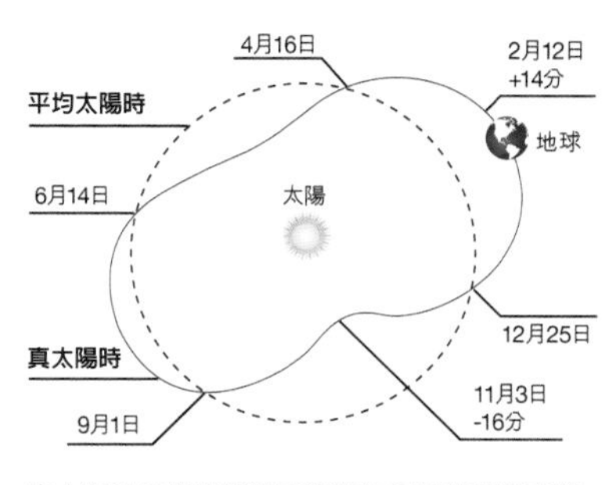

真太陽時是根據觀測天體運行得到的時間定義。

7-3
陀飛輪

陀飛輪四兩撥千斤地解決了困擾機械錶多年的地心引力對走時影響的問題。原本只是為了追求精確度，卻在兩百年後成為收藏家們眼中的至寶。任何一款錶只要有了這直徑一公分左右的微小裝置，身價就宛如黃袍加身般飆漲。正因為如此，眾高端品牌莫不傾力研發，無論從走時精度切入，還是加強視覺效果，陀飛輪都變得更具深度與賞玩價值。

江詩丹頓Overseas陀飛輪腕錶。

Astrotourbillon Tourbillon orbital Astrotourbillon 天體運轉式陀飛輪

卡地亞於2010年發表之設計，將擒縱機構安置於秒針上，以每分鐘一圈的速度圍繞錶盤中心旋轉，以類似天體運轉的方式形成陀飛輪機制，既能欣賞機械之奧妙同時兼具視覺效果。

卡地亞Astrotourbillon天體運轉式陀飛輪。

Carrusel / Karrusel Carrousel Karussell / Karussell 卡羅素

丹麥籍製錶師 Bahne Bonniksen 所研發，並在 1892 年申請專利之旋轉擒縱裝置。當初設計目的著眼於簡單又易於製作，但 52.5 分鐘才環繞一周的轉速被認為效率不彰，且視覺效果也遠遜陀飛輪，因此越來越稀少。直到寶珀和雅典相繼改良並推出特色錶款，卡羅素才又重新回到腕錶錶盤之上。

寶珀的卡羅素陀飛輪，是目前市面上極少數的卡羅素腕錶。

Central tourbillon Tourbillon central Zentraler tourbillon 中置陀飛輪

是歐米茄在 1994 年發表的革命性創作，首次將陀飛輪機構放置中間，如此一來，時、分指針便需耗費心力加以改造，這種將陀飛輪置於錶盤中央的獨特錶款，如今已不再是歐米茄僅有，亦可見於其他品牌作品中。

羅杰杜彼Orbis In Machina Central Monotourbillon 機械之心中置陀飛輪腕錶。

Exo Tourbillon Exo Tourbillon Zentraler tourbillon 外置陀飛輪

萬寶龍獨家研發出的獨特陀飛輪裝置，「Exo」字根由希臘文衍生而來，意為「外部」或「外側」，指將螺絲擺輪置於陀飛輪旋轉框架外側。一分鐘外置陀飛輪獨家專利複雜裝置完全由萬寶龍製錶大師自主研製，於 2010 年首次推出。它有別於傳統陀飛輪，將整個擒縱系統包含擺輪、擒縱叉跟擒縱輪等零件都裝置於陀飛輪框架內，而是把擺輪放到框架外面，如此一來可取得三大優勢：首先可維持大擺輪裝置，運行更穩定；其次，縮小陀飛輪框架可節省動能消耗約 30%；最後是整組陀飛輪的造型更獨特，更具觀賞性。

萬寶龍明星傳承系列鏤空外置陀飛輪 Enheduanna腕錶限量款10。

格拉蘇蒂原創議員天文台陀飛輪腕錶。

Flying tourbillon Tourbillon volant Fliegender tourbillon 飛行陀飛輪

1920 年，製錶業先驅、格拉蘇蒂製錶學校教師 Alfred Helwig 以驚人巧思賦予陀飛輪這一高級鐘錶領域具有挑戰性的複雜裝置看似無重漂浮的外觀。與固定兩側的傳統陀飛輪不同，飛行陀飛輪只使用一個固定點，使這一結構宛若在籠架中「飛行」，視覺上更為清楚立體。

雅典錶20多年前推出首款Freak奇想腕錶震撼錶界。

Freak tourbillon Freak tourbillon Freak tourbillon 奇想陀飛輪

雅典錶於 2001 年發表的獨特陀飛輪結構，運作速度上與卡羅素相似，但奇想陀飛輪將整個輪系與擒縱裝置配置於面盤上作為分針，每小時旋轉一周，同時不設置錶冠，而是透過錶背的特殊設計為腕錶上鍊。

芝柏三金橋陀飛輪腕錶有「錶中蒙娜麗莎」的美譽。

Three gold bridges Tourbillon Tourbillon sous trois Ponts d'Or Tourbillon mit drei Goldbrücken 三金橋陀飛輪

芝柏錶在 1860 年代的原創設計，其概念是以三片夾板分別固定發條盒、傳動齒輪與陀飛輪擒縱機構。夾板最初呈直條形，後來逐漸設計出箭頭形的樣式。

Abraham-Louis Breguet發明的陀飛輪裝置。

Tourbillon Tourbillon Tourbillon 陀飛輪

早期因為懷錶都放在胸前口袋或掛在腰間，導致擺輪容易受到地心引力影響而降低精準度。因此寶璣大師設計出陀飛輪裝置，將包括擺輪與擒縱輪在內的整個擒縱系統以一個框架固定在秒針輪上，讓擒縱系統跟著秒針輪每分鐘旋轉一周。如此一來擺輪無論處於什麼方位，都可藉由不斷旋轉來抵消地心引力的影響。

Tourbillon carriage / Tourbillon cage
Cage du tourbillon
Tourbillon-Kutsche/Tourbillon-Käfig
陀飛輪框架

又稱籠架，相當於整個陀飛輪裝置的結構體，將擒縱叉、擒縱輪與擺輪等所有零件框起來，然後裝置在四番車（秒輪）上旋轉的籠架，通常由鋼或鈦金屬材質製造。

康斯登百年典雅陀飛輪隕石自製機芯腕錶的陀飛輪外框架上增添有「智慧螺絲」系統，用以平衡左右對比重量，使陀飛輪框架運轉時更加穩定順暢。

Tourbillon cock / Tourbillon bridge
Pond de tourbillon
Tourbillionshahn/Tourbillionsbrücke
陀飛輪支架

或稱為橋架，一般傳統陀飛輪在框架上方，還會有一根橫跨在機芯夾板上的金屬桿，固定住整個陀飛輪，以穩定這個旋轉機構，這根支架稱為陀飛輪支架。

萬寶龍雙桶型游絲陀飛輪，上面的雙扭線形支架，至少需費時一周完全以手工製作。

Triple-Axis Tourbillon
Tourbillon tri-axial
Tourbillon mit drei Achsen 三軸陀飛輪

將陀飛輪包覆在兩層框架中，而內外框架各以不同速率及角度進行週期運轉，比之傳統陀飛輪更能降低地心引力所造成的方位差，進而維持精準度。

江詩丹頓的三軸球體形渾天儀式陀飛輪。

Zero-reset tourbillon
Tourbillon à remise à zéro
Tourbillon mit Nullrückstellung
秒針歸零陀飛輪

裝置於朗格在 2014 年發表的 1815 Tourbillon 陀飛輪腕錶裡，該錶是第一只能夠掣停陀飛輪後，還能同時將秒針歸零的陀飛輪腕錶。將停秒和秒針歸零裝置在複雜的陀飛輪身上結合在一起，不但解決了長久以來陀飛輪無法精確對時的問題，同時展現出朗格錶廠精湛的製錶技藝。

朗格1815 Tourbillon陀飛輪腕錶，是首款能夠將秒針歸零的陀飛輪腕錶。

Chapter 8
裝飾工藝

鐘錶業對復興傳統工藝與探索全新裝飾技術貢獻良多的說法絕非溢美之辭，除了大家較熟悉的珠寶鑲嵌、琺瑯工藝、金屬雕刻外，不少日漸式微的古老工藝，如金銀絲、秸稈鑲嵌、馬賽克鑲嵌等又重現世人眼前。為了「出於傳統、更勝傳統」，鐘錶品牌也努力賦予這些傳統工藝全新面貌，甚至運用類似概念，創製新技法。本章節蒐羅各項鐘錶工藝，逐一說明解釋，讓大家對寶石類別、鑲嵌、掐絲琺瑯、微繪琺瑯、花瓣鑲嵌等有更深一步瞭解。

香奈兒Mademoiselle Privé斜紋軟呢圖騰腕錶。

百達翡麗5160/500R-001 Grand Complications逆跳日期萬年曆腕錶。

8-1
寶石

寶石（jewel）指經過琢磨和拋光後，可以達到珠寶要求的石料或礦物。其色澤美麗、硬度高、在大氣和化學藥品作用下不起變化。寶石多為單礦物晶體，是從含有寶石原石的礦石中開鑿而得，品類繁多，其性質分透明、半透明及不透明三類，全透明者如鑽石、藍紅寶石及晶石之類，半透明者如翡翠、祖母綠之類，不透明者如珍珠、孔雀石之類。如論寶石名貴價值程度，非僅以透明度為準，而同時以色澤、硬度、折光率及質地純潔與否為審定寶石之良窳，有的寶石以色澤優美取勝，有的寶石以質地純淨或特殊紋理而珍貴。本小節以介紹寶石種類為主。

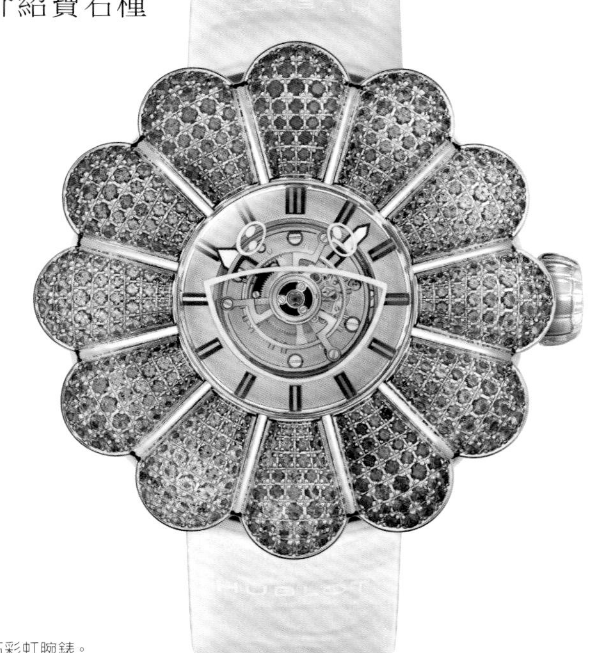

宇舶錶MP-15村上隆陀飛輪藍寶石彩虹腕錶。

Aquamarine Aigue-marine Aquamarin 海藍寶石

一種矽酸鹽礦石，屬於綠柱石（Beryl）家族，也有人稱它為藍玉，硬度為莫氏 8 級，比重 2.69，曲折率 1.57，呈現如海水般的藍綠色。英國、中國、印度、馬達加斯加均有生產，為 3 月的誕生石。

Schlumberger by Tiffany Co.石上鳥腕錶面盤上鑲嵌海藍寶石。

Color gems Gemmes de couleur Farbe edelsteine 彩色寶石

彩色寶石也稱有色寶石，是除翡翠玉石外由數十乃至上百種寶石共同構成的一類寶石的總稱。最常見的彩色寶石包括水晶、瑪瑙、碧璽、琥珀等。紅寶石、藍寶石、祖母綠等屬於貴重的彩色寶石，受到了許多高端消費人群和收藏愛好者的喜愛。

FRANCK MULLER Round Skeleton Baguette 31 毫米腕錶。

Corundum Corindon Korund 剛玉

一種由氧化鋁結晶形成的寶石，莫氏硬度是 9，是迄今自然界硬度僅次於鑽石的礦物。事實上，剛玉是紅寶石和藍寶石的統稱，含有金屬元素鉻的剛玉呈紅色，被稱為紅寶石；而以藍色為主以及其他非紅色的剛玉，都被歸入藍寶石。這正是我們經常見到各種「彩色藍寶石」也被叫作「彩色剛玉」的原因。

Crystal Cristal nature Kristall 天然水晶

天然水晶是一種石英結晶體礦物，它的主要化學成份是二氧化矽，別名水碧、水玉。發育良好的單晶為六方錐體，所以通常為塊狀或粒狀集合體。一般為無色、灰色、乳白色，含其他礦物元素時呈紫、紅、煙（茶）、黃、綠等。

香奈兒Crystal Lion 長項鍊錶在18K 黃金獅子下方嵌有一個透明清澈不含雜質的天然水晶。

卡地亞Crocodile鱷魚珠寶腕錶，錶殼、錶鍊及鱷魚眼睛皆有鑲嵌祖母綠。

Diamond Diamant Diamant 鑽石

鑽石是指淨度達到寶石級別的金剛石，莫氏硬度為 10 級，是地球上最堅硬的礦物。一般為無色，但也有黃色、粉色、紫色、藍色、褐色、黑色，甚至紅色和綠色。鑽石的等級依顏色（Color）、淨度（Clarity）、切工（Cut）、克拉（Carat）判定優劣，又稱「4C」。

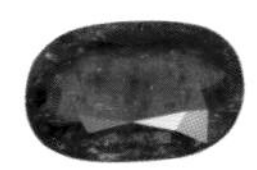
祖母綠顏色碧綠優雅。

Emerald Émeraude Smaragd 祖母綠

傳統的四大寶石之一，主要呈綠色，莫氏硬度為 7.5~8，比鑽石和剛玉家族低。屬於綠柱石（beryl）家族，會因產地不同而在色彩上有細微差別。

康斯登以孔雀石打造限量版Classic Moonphase Date Manufacture百年典雅月相日曆自製機芯腕錶的面盤。

Malachite Malachite Malachit 孔雀石

是一種綠色礦石，屬於碳酸鹽類礦物，化學成分為碳酸銅。孔雀石以其鮮豔的綠色和特殊的波紋狀花紋而聞名，常被用於裝飾品、珠寶以及工藝品製作，在腕錶則多運用於面盤製作。

紅寶石

Ruby Rubis Rubin 紅寶石

與藍寶石同為剛玉（Corundum）家族，莫氏硬度為 9，顏色為深色的火紅、褐紅色者，最知名的當屬緬甸產的紅寶石，又稱鴿血紅。

FRANCK MULLER Round Skeleton Baguette 31 毫米腕錶錶圈以手工鑲嵌鑲嵌60顆長方形切割藍寶石。

Sapphire Saphir Saphir 藍寶石

與紅寶石同屬剛玉家族，藍寶石的顏色更加豐富多樣。除了經典的藍色外，還包括粉紅、黃色、綠色和紫色等多種色彩，因此會以顏色加上藍寶石稱之，如「粉紅藍寶石」。在眾多顏色中，藍色藍寶石最為珍貴，其中以「矢車菊藍」被視為頂級品質。

Topaz Topaze Topas 托帕石

又稱黃玉，是一種矽酸鹽礦物，化學成分為氟鋁矽酸鹽。黃玉顏色多樣，從透明無色到黃色、藍色、粉色甚至紅色，硬度高且光澤迷人。

寶格麗Divas' Dream 腕錶鑲飾鑽石、拓帕石和坦桑石。

Tourmaline Tourmaline Turmalin 碧璽

碧璽也是一種稀有珍貴的礦石，主要產地是集中在南美洲和非洲。它的顏色也是非常多樣的，一般來說是綠色和紅色，或者綠色和紅色同時存在在同一塊寶石中。而更加稀有的帕拉伊巴碧璽產地是在南美洲巴西最東北角名為帕拉伊巴的地方，並不是在世界上任何地方都能夠找到這種特殊的綠松石色碧璽。

寶格麗Fenice鳳凰頂級珠寶神秘腕錶，中央鑲嵌稀有的 9.78 克拉帕拉依巴碧璽。

Tsavorite Tsavorite Tsavorit 沙弗萊石

化學名稱為鈣鋁榴石，含有微量的鉻和釩元素，色澤艷綠。它的硬度非常高，這種寶石的淨度也非常高，沒有雜質，也是高級珠寶領域常用的一種寶石。作為一種較近代才發現的礦物，它從被發現的那天起就和一名叫作 Campbell Bridges 的蘇格蘭寶石學家的命運連在了一起。1967 年，布里奇斯在坦桑尼亞東北部的 Lelatema 山 Komolo 村附近勘探時首次發現了這種綠色的寶石。

伯爵PIAGET Limelight Gala系列18K白金孔雀石鑽石腕錶，錶圈鑲嵌鑽石及沙弗萊石。

Zircon Zircon Zirkon 鋯石

一種矽酸鹽礦物，它是提煉金屬鋯的主要礦石，含有 Hf、Th、U、TR 等混入物。廣泛存在於酸性火成岩，也產於變質岩和其他沉積物中。不同的鋯石會有不同的顏色，如黑、白、橙、褐、綠或透明無色等。

梅花錶的COSMO 宇宙系列腕錶錶圈與時標鑲嵌無色透明的鋯石。

8-2
珠寶鑲嵌

談到珠寶大多數人都會第一時間想到顏色（Color）、淨度（Clarity）、切工（Cut）、克拉（Carat），不過對鐘錶來說，珠寶鑲嵌可與前面三個C並列，尤其是錶圈、錶耳、錶盤或機芯上的小鑽切割與鑲嵌，難度比切割、鑲嵌大型珠寶難得多。

本小節以鐘錶為範圍，說明錶圈、時標、面盤常用的鑲嵌方式，以及品牌專屬切工、慣用術語，以便大家更好地了解珠寶錶。

香奈兒Mademoiselle J12 Couture腕錶。

Brilliant Brillant Brillant 明亮式切割

也叫作玫瑰式切割，以圓形為基準，是目前全世界公認能最完美體現鑽石璀璨折光率的鑽石切割法。若將切割後的圓形鑽石側面看成一個上窄下長的六邊形，中間即腰部，上、下方分別為冠部、底部。冠部中央的八角形刻面稱為桌面（Table），桌面到腰部由 8 個星形刻面（Star Facet）、8 個風箏面（Bezel Facet）和 16 個上腰面（Upper Girdle）組成，共計 33 個刻面。底部（Pavilion）由 8 個下腰面（Lower Girdle Facet）、16 個底切面（Pavilion Facet）組成，共計 24 個刻面，加上尖底 1 個刻面，總共為 58 個刻面。

明亮式切割的圓鑽。

Baguette Baguette Baguetteschliff 長方形切割

一種寶石的切割方式，也叫梯形切割，呈長方形或細長條形，通常具有直線的刻面，簡潔優雅，適用於裝飾性鑲嵌。

百達翡麗7968/300R-001 Aquanaut Luce 計時碼錶錶圈鑲嵌長形切割彩色藍寶石與鑽石。

Bead setting Serti grain Kornfassung 珠粒鑲嵌

將鑽石放進鑲座後用刀具把鑽石旁的金屬推起來固定鑽石，接著再以刀頭為杯狀的刀具將推起的金屬修成圓珠狀。

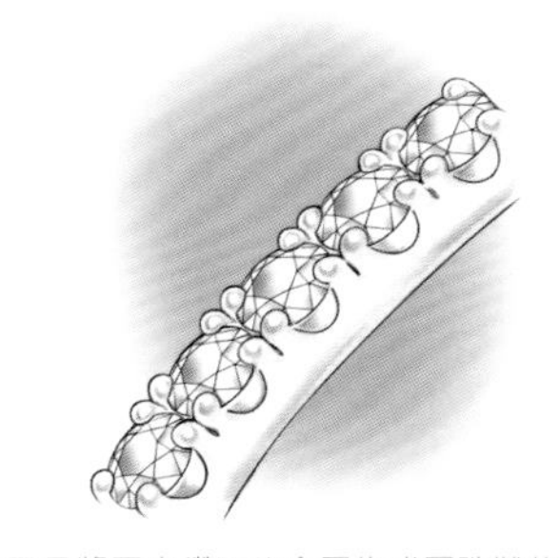

以刀具將固定鑽石的金屬修成圓珠狀的珠粒鑲嵌法。

Bezel Setting Sertissage en lunette Lünettenfassung 包邊鑲法

用金屬邊將寶石整個圍住，並鑲入嵌座藉以固定，手錶的時標較常用此種鑲嵌法。

Carat Carat Karat 克拉

或稱卡、卡拉，是寶石重量單位，自 1907 年國際商定沿用至今，1 克拉等於 200 毫克。1 克拉又稱為 100 分。克拉一詞源自希臘語中的克拉（keration），這是一種從東亞流傳到中東的長角豆。由於這種豆子每一顆的重量都幾乎無差，早期就被用作珠寶和貴金屬的重量單位。

腕錶錶圈經常採用槽鑲技術。

Channel setting Sertissage en rail Kanalfassung 槽鑲

又稱軌道鑲嵌、夾鑲，嵌座為溝槽狀，然後把寶石推進槽溝中，利用兩邊金屬承托固定寶石的鑲嵌法，常用於錶圈。

Clarity Pureté Reinheit 淨度

評估淨度的標準就是依寶石的內含物和包裹體的多寡而定，分 6 個類型、11 個等級。鑑定方式是用 10 倍放大鏡觀察鑽石內部。無瑕級：FL 即為完美無瑕鑽，指 10X 放大鏡無任何瑕疵；內部無瑕級：IF 即為內部無瑕鑽，指在 10X 放大鏡下無可見明顯瑕疵；極微瑕級：VVS1、VVS2，鑽石內部含極輕微內含物；微瑕級：VS1、VS2，鑽石內部瑕疵清晰可見，但非常微小；小瑕級：SI1、SI2，含輕微內含物；瑕疵級：I1、 I2、I3，鑽石內瑕疵影響了鑽石的透明度和亮度。

海瑞溫斯頓嚴選鑽石，僅從最高顏色等級（D、E、F色）的鑽石中挑選使用，包括錦簇鑲嵌的作品。

Cluster setting Cluster Clusterfassung 錦簇鑲嵌

由海瑞溫斯頓創辦人 Harry Winston 於 1940 年代所設計的鑲嵌技術。將圓形明亮式、橄欖形和梨形等各種切工的鑽石以不同角度緊密嵌在一起，打造出立體感十足的珠寶作品。

Color Couleur Farbe 顏色

鑽石 4C 分級中的一項，GIA 將鑽石顏色分為 D 到 Z 五大類等級，顏色越無色價值越高，略帶偏黃色調次之。依據顏色由淺到深的不同程度劃分，DEF 為 Colorless 無色，GHIJ 為 Near colorless 近乎無色，KLM 為 Faint yellow 微弱黃，NOPQ 是 Very light yellow 微淺黃，STUVWXYZ 則是 Light yellow 淡黃；超過 Z 顏色則進入彩鑽的範圍。

切工是4C中唯一仰賴手工工藝技術的部分，也是影響美感的重要因素。

Cut Taille Schliff 切工

成就鑽石價值的必要條件之一，檢測鑽石切工部分為三個項目：切工等級（Cut Grade）、拋光（Polish）、對稱性（Symmetry），至於優劣分等則有極優、優良、良好、尚可、不良等五個等級。

Cushion Coussin
Cushion-Schliff 枕形切割

源起於 19 世紀的寶石切割法，帶有圓角的「方形切割」，共有 58 個切面，因其形似靠枕而得名。

Diamond setting
Sertissage diamant
Diamantfassung 鑽石鑲嵌

鑽石鑲嵌是將鑽石嵌入配托、製成鑽石飾品的工藝，包含爪鑲、包鑲、釘鑲等不同方式，在固定鑽石的同時也要呈現鑽石的美。

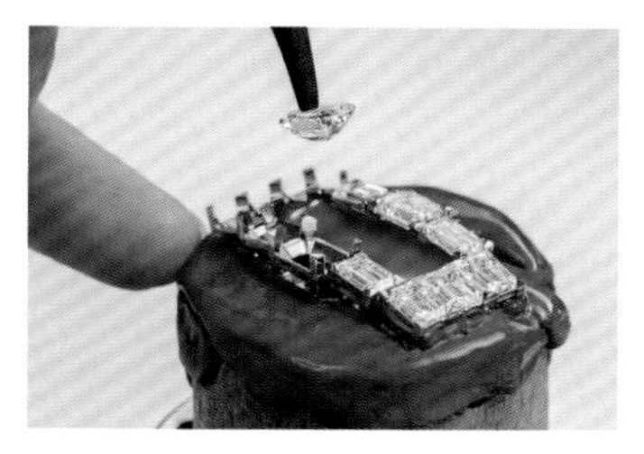
經過切工完成後的鑽石再進行鑲嵌。

Emerald cut Taille Émeraude
Emerald Schliff 祖母綠切割

是一種經典的寶石切割方式，以矩形輪廓和階梯式切割為特徵，四角帶有倒角設計，這種切割方式擁有寬大的台面，以及層層切割的內部，可強調寶石的透明度和純淨度。最初用於祖母綠寶石，因此得名。

PIAGET Swinging Sautoir 18K 玫瑰金黃色藍寶石與蛋白石項鍊錶嵌有一顆祖母綠切割黃色藍寶石。

Flamme® setting
Sertissage Flamme®
Flamme®-Edelsteinbesatz 火光鑲嵌

百達翡麗所開發的獨門鑲嵌技術，結合寶石鑲嵌與雕刻。先將鑽石放入鑲座內，接著以刀具在鑲座邊緣切割出狹長的溝槽，再用鑽頭把溝槽邊緣修整成圓形，使光線可以從交錯處由下而上照射鑽石，充分折射鑽石光彩。

百達翡麗7040/250G-001錶圈上的鑽石採用品牌獨創火光鑲嵌技術。

Fur setting Serti pelage
Zur Fellfassung 毛髮鑲嵌

卡地亞獨創的鑲嵌工法，多運用於卡地亞旗下美洲豹系列珠寶或錶款中。其鑲爪細緻且順應美洲豹的姿態雕刻，營造出寶石宛如動物皮毛般的視覺效果，以表現美洲豹的鮮活靈動。

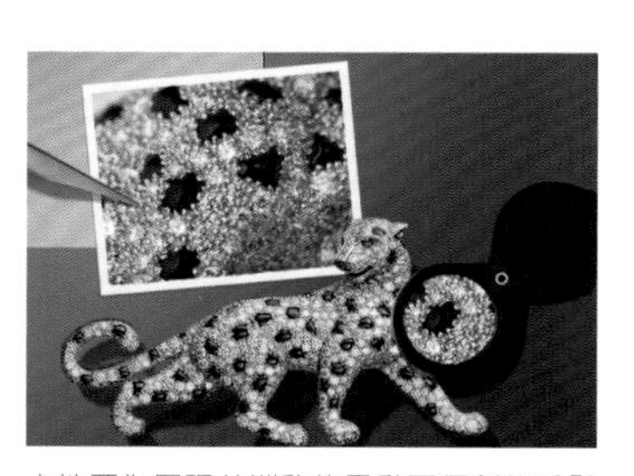
卡地亞為展現美洲豹的靈動而獨創的毛髮鑲嵌法。

用以鑲嵌珠寶的金質底座。

Gold-jewel setting
Sertissage or et pierres précieuses
Gold-Juwel-Fassung 金質寶石嵌座

鑲嵌珠寶的底座，通常都採用貴金屬製作，藉由不同鑲嵌方式，來固定鑽石或寶石，如用 4 至 6 只戒爪的爪鑲（Prong Setting）鑲嵌法。

The Graff Venus號稱是世上最大顆的心形D級白鑽。

Heart Cœur
Herzschliff 心型

形狀如心，由於形狀特殊，也是最耗損鑽石原石的切割方式之一。

隱密式鑲嵌法是註冊於1933年的專利鑲嵌工藝，鑲嵌寶石後可將鑲爪及其他金屬元件隱藏於寶石之下。

Invisible setting / Mystery set
Sertissage invisible
Unsichtbare Fassung 隱密式鑲嵌

同樣是鑲嵌多顆小鑽的鑲嵌法，但工序較密釘鑲法繁複，每顆小鑽邊都刻上小槽，再排列於金屬軌道內，藉由鑽石本身的小槽相互卡緊排列，因此，表面上看不到任何固定寶石的金屬或鑲爪。

Marquise Marquise Marquise
橄欖形切割

又稱馬眼形，一種獨特的寶石切割方式。其特點是長橢圓形的外觀，兩端呈尖角，整體形狀酷似橄欖而或小船得名。

橢圓形切工根據圓形明亮式切割而來。

Oval Oval Oval 橢圓形切割

橢圓形切割根據傳統的圓形明亮切割而來，呈橢圓形，理想的長寬比大約在 1.33 跟 1.66 之間。

Pave setting Sertissage pavé
Pavéfassung 密釘鑲嵌

將多顆小鑽緊密排列於首飾表面，金屬嵌座搭配密釘來穩固鑽石的鑲嵌法，手錶錶盤較常用此種鑲嵌法。

Pear Poire
Tropfenschliff 梨形切割

常見於寶石的切割方式，結合了圓形切割與橄欖形切割的特點，呈現出一端圓潤、一端尖細的淚滴形狀，又稱淚滴形或水滴形，適合應用於垂墜式設計。

寶璣Reine de Naples 8915 腕錶鑲嵌一顆梨形鑽 石。

Prong setting Serti à griffes
Krappenfassung 爪鑲

用金屬鑲爪緊緊扣住鑽石，由於鑽石受到的遮擋很少，因此能夠清晰呈現鑽石的光彩反射，同時也十分牢固，是常見且經典的一種鑲嵌方法。

爪鑲是常見的經典鑲嵌工法。

Princess Princesse
Princessschliff 公主形切割

較現代的鑽石切割方式，擁有簡單俐落的方形輪廓，通常為 57 或 76 個刻面，從側面如同一個倒轉的金字塔。

公主形切割簡約且富現代感。

Snow setting Serti neige
Schneefassung 雪花鑲嵌

珠寶鑲嵌工藝的一種，製作難度極高，需精選大小不同的鑽石，以不規律的排列錯落有致地鑲嵌並佈滿於整片金屬底座上，創造出宛如陽光映照在雪地上的絢麗閃光，帶來璀璨效果。

RICHARD MILLE RM 17-01雪花鑲嵌陀飛輪腕錶錶圈以雪花鑲嵌工藝鑲嵌鑽石。

Serti Vibrant en tremblant
Vibrierend Gefasstem「舞動」鑲嵌

在 19 世紀末，卡地亞採用名為「en tremblant」（舞動）的鑲嵌工藝，令鑽石得以擺脫鑲座的束縛，自由舞動。這項工藝能夠最大限度地呈現鑽石的光芒與亮度，並於 2015 年應用於製錶中，Serti Vibrant「舞動」鑲嵌鑽石腕錶由此誕生。

卡地亞Ballon Bleu de Cartier卡地亞藍氣球腕錶，運用的Serti Vibrant鑲嵌工藝變化自「舞動」鑲嵌。

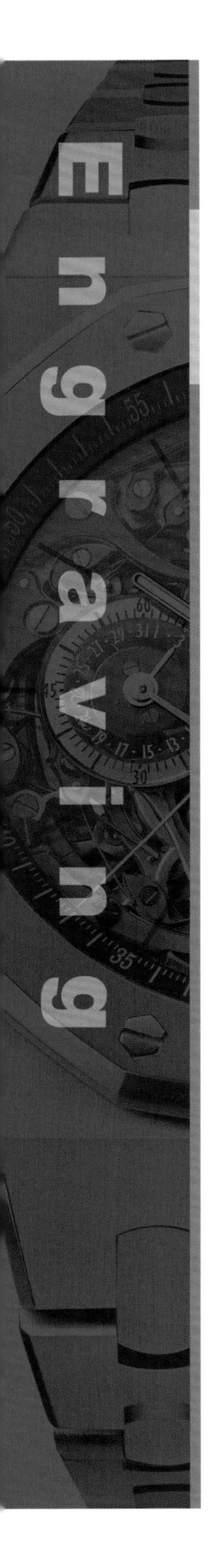

8-3
鏤空雕刻

雕刻是鐘錶裝飾美學最基礎的一環，因為即使是基礎兩針錶或三針錶都脫離不了雕工，當然雕工的細緻度影響手錶等級，有的錶款使用自動機器壓花，也有的使用古老半手動車床雕花，最精緻的當屬純手工雕鑿。本小節從基礎工具介紹，再談手錶常用的雕花形態，以及鏤空錶，讓大家對鐘錶雕刻有基礎認識。

卡地亞Santos de Cartier系列鏤空腕錶。

Clous de Paris Clous de Paris
Clous de Paris 巴黎釘紋

屬於扭索紋的一種手動車床輔助鐫刻的裝飾圖案，因為圖案由無數個像釘子般的細小四角錐體組成，故被命名為巴黎釘紋。

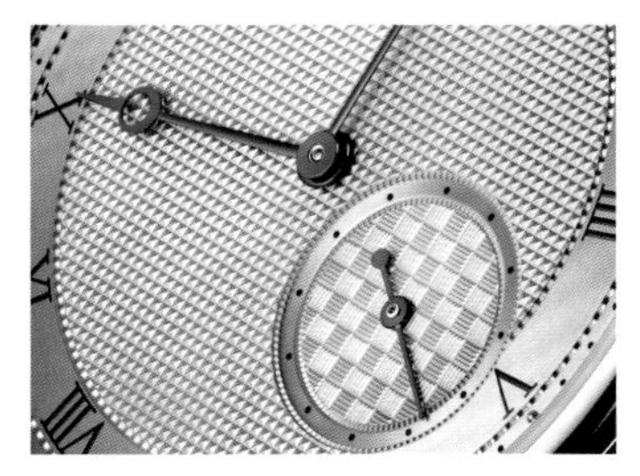

巴黎釘紋是鐘錶業者最鍾愛的雕刻紋理之一。

Finishing techniques
Techniques de Finition
Veredelungstechniken
修飾工藝

在高級腕錶領域中，機芯的修飾工藝佔據著極為重要的地位。無論是較大面積的夾板還是袖珍小巧的螺絲，無論可見部分還是隱藏部分，每一枚零件均經過手工修飾。品牌運用各種不同的工藝，賦予每個零件獨特的美學效果，同時讓整體外觀和諧統一。以精湛的製錶工藝和嚴格的修飾標準而聞名的朗格，便常見將九大裝飾工藝運用於腕錶作品中。例如：倒角打磨、鏡面拋光、啞色周圈處理、直紋、太陽紋、圓紋、鱗紋、格拉蘇蒂紋，及手工雕刻（其中又含括三種雕刻工藝：凹刻、浮雕和抖雕）。

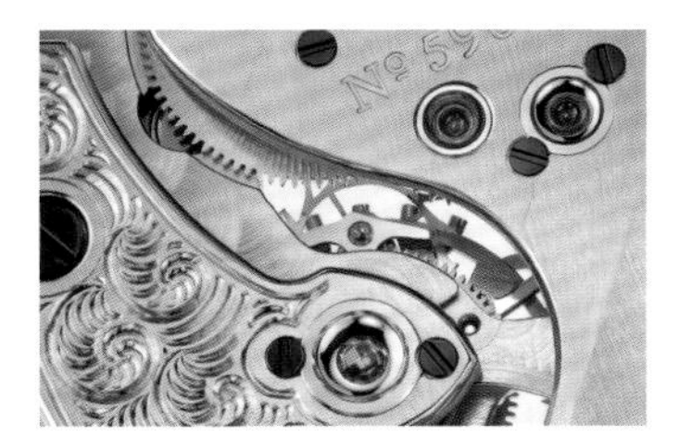

朗格幾近完美的修飾工藝。

朗格機芯內的平面拋光。

Frosted gold Or givré
Frosted Gold 霜金

亦稱佛羅倫薩工藝，採用頂端帶有金剛石的工具擊打黃金，使其表面產生極其細微的凹陷，呈現出猶如鑽石般的璀璨效果。2017 年，愛彼錶首次將這種古老的貴金屬加工工藝應用於腕錶之中。

愛彼Royal Oak皇家橡樹系列霜金腕錶37毫米。

Graver Graveur Stichel 雕刻刀

用來雕刻手錶部件的刀具，依雕刻部件與紋路，刀具樣式亦不同。

雕刻刀與雕刻工具。

蕭邦自製L.U.C96.25-C主夾板上裝飾有日內瓦紋。

Geneva pattern Côtes de Genève Genfer Streifen 日内瓦紋

日内瓦紋採用同心圓形或平行波紋的裝飾手法，簡單卻相當典雅。日内瓦紋原本用於機芯的修飾，也延伸運用於裝飾錶盤。

機刻雕花是一門手工藝與機器精準操作相融合的技藝。

Guilloché / Engine turning Guilloché Guilloché 機刻雕花

是一種融合手工與機器精準操作的古老技藝，通常用於錶殼或錶盤上，通常由規律的鐫刻線條交叉形成圖案，其中最具代表性的是巴黎釘紋（Clous de Paris）以及扭索紋（Guillochage）。鐫刻過程使用古老的手動車床，根據設計好的模具，通過手動轉動刀頭來雕刻出各種紋路。

朗格的手工雕刻擺輪夾板。

Hand-engraved balance cocks Coqs de balancier gravés à la main Von hand gravierte unruhkloben 手工雕刻擺輪夾板

擺輪夾板或陀飛輪夾板上以手工雕刻出精緻的圖紋，巧妙地勾勒夾板獨特的輪廓。朗格每一枚機芯皆擁有獨一無二的手工雕紋。

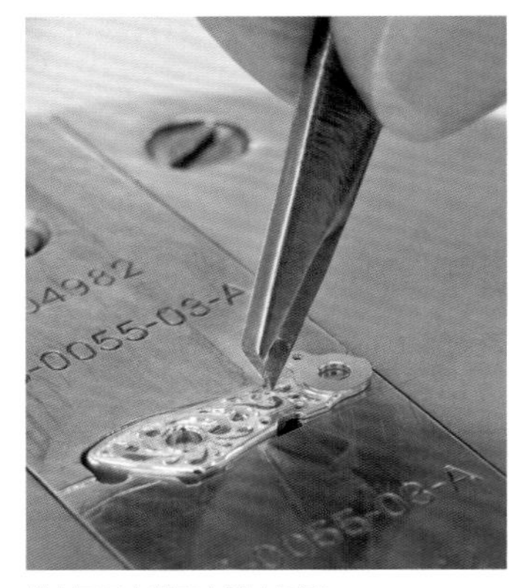
雕刻工匠在盤面上雕上圖案。

Hand engraving Gravure à la main Handgravur 手工雕花

通常由資深雕刻師以純手工雕刻出細微花紋。

Line-engraving Gravure en ligne Strichgravur 線形雕刻

純手工雕刻技巧之一，用雕刻刀雕鏤出微細線條。

Relief Relief Relief 深浮雕

純手工雕刻技巧之一，透過錘擊方式使雕刻物體明顯凸出，起伏與空間深度較大。

雕刻工匠在盤面上雕上圖案。

Repousse Repoussé Repoussieren 淺浮雕

與深浮雕相對，在錶殼或錶盤上敲錘出各種立體淺層裝飾圖案，圖案包括人物、花草、鳥獸、蟲魚等。

Skeleton Squelette Skelett 鏤空

鏤空是將機芯的結構雕空，如機板、夾板、發條匣蓋板與自動盤等。主要是會遮擋視線的零件都要盡可能雕到只剩骨架，因為鏤空的首要精髓就在通透度，通透度越高則價值越高。其次在於線條、圖案的藝術性，雕空後的骨架線條需要具有美感跟藝術性，所以有些品牌還會進一步在細小的骨架上鐫刻各式圖案。

卡地亞以別具一格的美學風格，演繹鏤空機芯的獨特美學。

Sun Print Impression solaire Sonnenstrahlenmuster 太陽紋

以輻射狀的細緻紋路為特色，通常從錶盤中心向外延伸，如太陽光芒四射而得名。這種設計不僅增強了錶盤的視覺效果，還能隨著光線的角度改變，產生迷人的光影變化，使錶盤看起來更加生動且富有層次感。

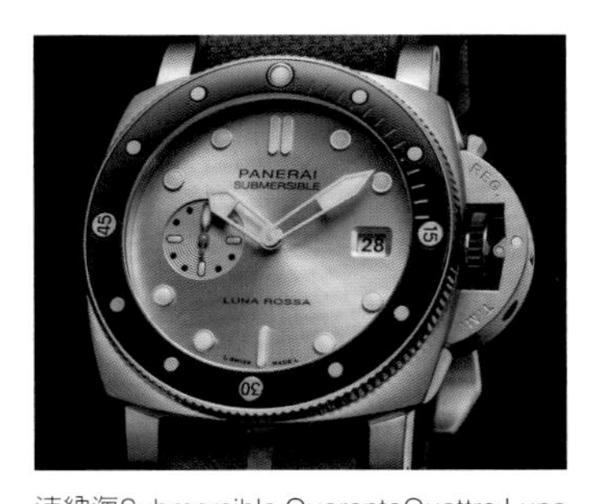

沛納海Submersible QuarantaQuattro Luna Rossa腕錶配以銀色太陽紋錶盤。

Tapestry Technique Technique de la tapisserie Tapisserietechnik 織錦工藝

工匠操控源於 1904 年的專業機器，以機刻雕花工藝打造褶皺紋理，詮釋高級訂製服古老的織錦質感。

江詩丹頓Égérie系列「The Pleats of Time」概念腕錶，巧妙融合高級製錶、高訂時裝和高訂香氛的精髓要義。

8-4
琺瑯與其他

工藝錶款數量雖不多，卻肩負復興傳統工藝的重責大任，工藝錶款中大家最耳熟能詳的莫過於琺瑯工藝。不過，鐘錶業的裝飾工藝並不僅僅只有琺瑯，不少鐘錶品牌鑽研鐘錶史和藝術史，重拾被大多數人忽略的古老工藝，透過新的方式來表現古老工藝精髓。本小節將說明琺瑯工藝的種類，以及其他各類工藝的製作方式。

梵克雅寶Extraordinary Dials 非凡工藝錶盤系列 - Lady Arpels Jour Enchanté腕錶。

Champleve enamel
Champlevé
Champlevé-Emaille 內填琺瑯

又稱雕刻琺瑯，依圖案紋理在金屬面盤上雕鑿出凹槽，再將琺瑯釉調和液填入凹槽，經高溫燒製定色，然後進入後續拋磨、上透明漆工序。

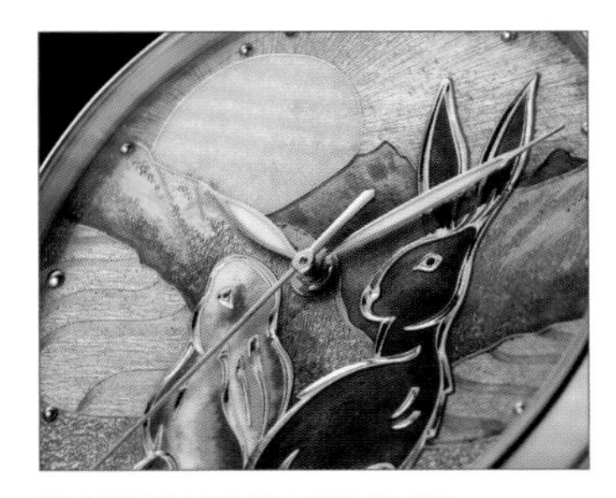
雅典錶以內填琺瑯工藝裝飾面盤。

Cloisonne enamel
Cloisonné
Cloisonné-Emaille 掐絲琺瑯

以細如髮絲的金線在金屬面盤上圈出圖案外框，再將琺瑯釉調和液填入金線框中，經高溫燒製定色、再拋磨上光。

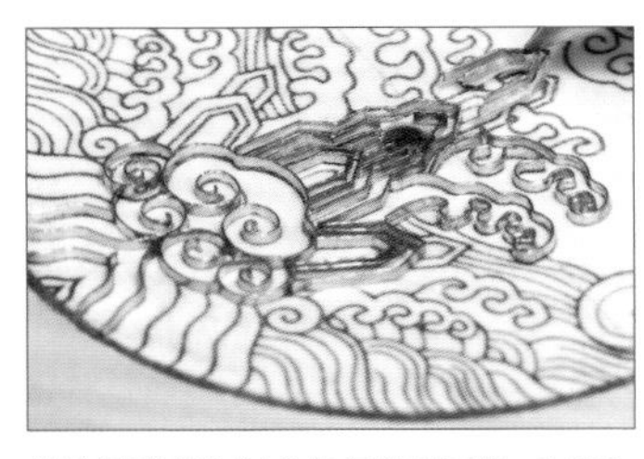
掐絲琺瑯須先以金線勾勒出圖案，再填入琺瑯。

Embroidery Brodé
Stickerei 刺繡

刺繡技巧雖未式微，但將刺繡融入面盤卻十分罕見，以刺繡裝飾面盤通常會搭配不同的針法以創造出豐富的裝飾效果，如多股繡線（Filet）、打結針法（knotted stitches）、布羅針法（Boulogne stitch）等，也有品牌將刺繡工藝運用於錶帶上，如香奈兒。

香奈兒Mademoiselle Privé刺繡山茶花錶面在2013年GPHG日內瓦鐘錶大獎中榮獲最佳工藝獎。

Enamel Émail
Emaille 琺瑯

將不同顏色的琺瑯釉料搗碎成粉末，加水調和，然後塗佈於金屬板上。先經 200 至 300 攝氏度低溫燒製定色，再經 850 至 1000 攝氏度以上高溫燒製，由於不同顏色的釉料需要不同高溫定色，因此必須反覆燒製。完成後，先打磨拋光，再塗覆一層透明漆料。根據製作法不同區分為：內填琺瑯（champleve，或稱為雕刻琺瑯）、掐絲琺瑯（cloisonne）與微繪琺瑯（miniature enamel painting）。此外，玻璃原料又分有色、無色、透明、半透明和不透明等五種。

江詩丹頓「閣樓工匠 Les Cabinotiers」 Le Temps Divin 日本神話神祇－伊邪那岐腕錶面盤結合凹雕、灰階琺瑯與微繪琺瑯三重工藝。

卡地亞大師工藝系列腕錶- 琺瑯珠粒工藝。

Enamel granulation
Granulation émaillée
Emaille-Granulierung 琺瑯珠粒工藝

卡地亞琺瑯工匠大師金屬珠粒工藝，先將琺瑯切成小塊或碾成粉末，再拉長為細絲以便切鑿成精細薄片。接著以吹管加熱塑形至珠粒狀，大小視琺瑯細絲的直徑而定。工藝大師隨後依據圖案的配色與構圖仔細放入珠粒。此步驟尤其困難，因為各色琺瑯的熔接溫度有細微差異，要達到理想色澤至少需要 30 次燒製，而珠粒擺放與上釉的順序也極為嚴謹。

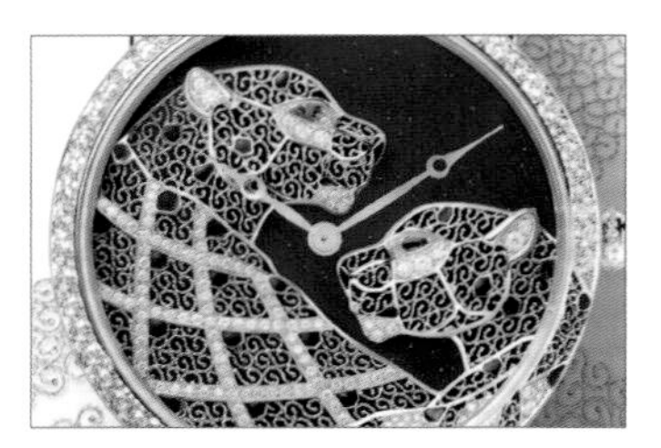

將各種不同顏色的羽毛切割後，再組合成全新圖案。

Feather marquetry
Marqueterie de Plumes
Federintarsien 羽毛鑲嵌

將鳥類羽毛切割成微細嵌片，再經銀箔潤飾後逐片鑲嵌於面盤上，組和成細膩的圖案。

卡地亞Ronde Louis Cartier Filigrane腕錶讓大家看見金銀絲工法之美。

Filigree Filigrane
Filigran 金銀絲細工鑲嵌

首先將金或鉑金細絲經過扭索，再用錘子擊打至扁平，再按設計形狀把金絲圖案焊接起來。這種工藝最早可追溯到公元前 3000 年，由卡地亞重新演繹。

卡地亞Ronde Louis Cartier火金工藝腕錶。

Flamed gold Or flammé
Geflammtes Gold 火金工藝

卡地亞於 2017 年發表的創新工藝，靈感來自加熱金屬使其變色的藍鋼指針工藝。首先在 18K 黃金錶盤雕刻或以金屬繪飾 (brushed) 圖案，再將面盤入窯燒製，過程需精確掌握焰燒火侯，使其在特定溫度達到特定色彩，最高溫呈藍色，最低溫呈米白色，工匠大師需重複這項工序直至獲得豐富完整的色彩效果，由於色彩會隨著燒製不斷變化，稍有閃失便前功盡棄。

Gold bead granulation
Avec la granulation
Mit der Granulation 金屬珠粒工藝

將金絲製成圓珠形，然後在木炭粉末中滾動並在火焰上加熱，再把這些金質圓珠逐一排列，並與金片融為一體，製作成浮雕圖案。卡地亞重拾這種古老工藝使用將近 3800 顆金質圓珠組成，每 5 顆一組固定在面盤上，製作過程需歷經近 3500 次焙燒，圖案雕刻耗時 40 小時，安裝金珠的工時更長達 320 小時。

卡地亞重現珠粒工藝精髓。

Grand feu enamel
Grand Feu
Grand Feu 大明火琺瑯

將琺瑯粉末鋪在面盤上，然後放進攝氏 800 至 1200 度的烤窯中燒製出飽和而一致的色澤。整個過程中必須精準控制火候以免琺瑯龜裂，此外琺瑯粉末的顆粒大小和事後錶面拋光都非常仰賴工匠的技術與經驗。

寶璣Classique 5177 腕錶採用工藝難度超高的黑色大明火琺瑯錶盤。

Gratté-boisé Gratté-boisé
Gratté-boisé 細木護壁刮磨技術

先以機器壓出主要圖案，再以手工為錶盤磨擦出細緻綿密的紋路，最後塗繪上顏色漆料，在僅有 0.4 毫米厚度的錶盤上，卻可創造出具有逼真深度與亮度的冰河紋路視覺感受。

萬寶龍 Iced Sea系列日期顯示自動腕錶，冰河錶盤以Gratté Boisé古老特殊刮磨技法製作。

Grisaille Enamel Émail grisaille
Grisaille-Emaille
單色琺瑯（灰階琺瑯）

灰階琺瑯工藝最早出現於 16 世紀，通過明暗對比手法賦予圖案獨特的層次感。這一技藝如今已十分罕見，需在深色琺瑯釉底上逐層塗覆稀有的利摩日白釉，每繪好一層便入爐燒製，時間須精確到秒。如此反覆燒製慢慢成形，呈現出精準繁複的細節。最後，通常會再塗覆一層透明琺瑯釉層。

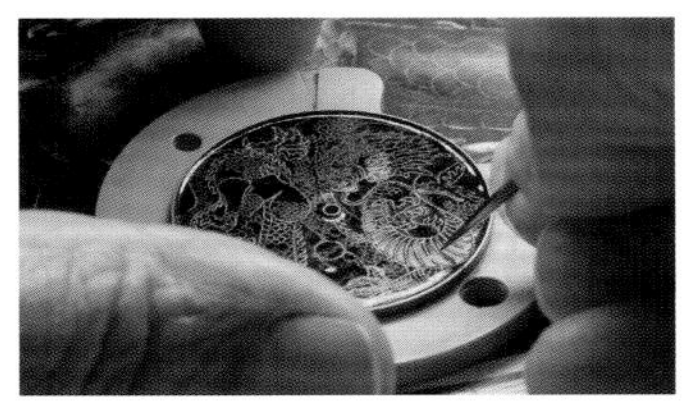

江詩丹頓運用灰階琺瑯工藝繪製面盤。

愛馬仕2015年邀請日本赤繪大師浮島武山操刀，經過三次烘烤程序，製作出極為精緻的赤繪細描工藝錶盤。

Koma kurabe Koma kurabe Koma kurabe 赤繪細描

工匠先將瓷土漿倒在石膏基板上，石膏板會將水分吸收，只留下瓷黏土，接著把黏土放在金屬基座上並切割成所需尺寸，風乾數天。接下來為上底釉，需要塗上四到六層無色釉料，每塗一層須烘烤一次，重複四到六次。最後再上彩釉，用紅色和赭色繪製，最後以黃金塗層收筆。

江詩丹頓閣樓工匠西敏寺鐘聲自鳴報時懷錶—Tribute to Johannes Vermeer《戴珍珠耳環的少女》。

Miniature enamel Émail miniature Miniatur-Emaille 微繪琺瑯

又稱畫琺瑯，就是用琺瑯釉料為繪畫的顏料，繪製畫作於面盤或錶圈上，然後經高溫燒製定色，之後再進行拋磨上光。

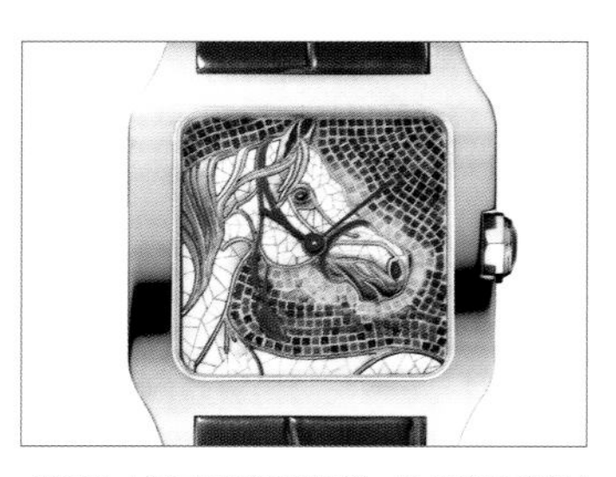
卡地亞大師工藝系列腕錶，採用寶石鑲嵌馬賽克工藝完成駿馬圖。

Mosaic Mosaïque Mosaik 馬賽克

馬賽克本意為鑲嵌工藝，將寶石或琺瑯切割成小方塊或不規則狀，再逐一拼鑲成設計圖案，構圖過程極其嚴謹。卡地亞使用寶石為鑲嵌素材，伯爵則運用微砌馬賽克工藝（Micro-Mosaic Painting）來拼鑲別具風情的印度皇宮。

正在填上Plique-à-jour彩繪玻璃琺瑯釉。

Plique-à-jour enamel L'émail plique-à-jour Plique-à-jour-Emaille 透明琺瑯

又稱彩繪玻璃琺瑯，做法與內填琺瑯相似，圖案採用鏤空結構設計，再填入薄薄的半透明琺瑯塗層，燒製完成後讓琺瑯透光呈現出類似彩繪玻璃的效果。

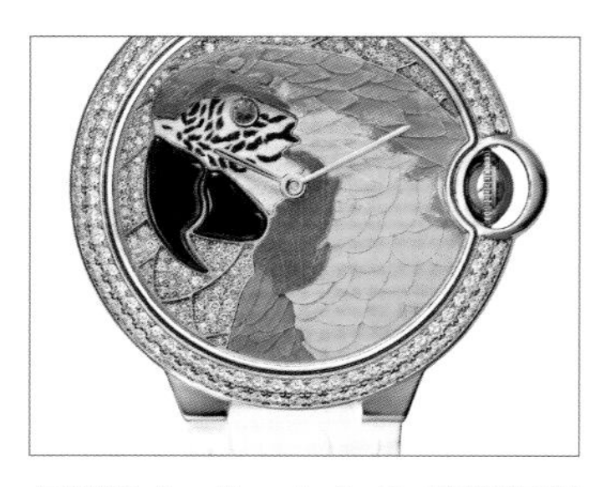
卡地亞Ballon Bleu de Cartier鸚鵡花卉細工鑲嵌腕錶用玫瑰花為素材。

Rose petal marquetry Marqueterie en pétales de rose Rosenblüten-Einlegearbeiten 花卉細工鑲嵌

花卉細工鑲嵌工藝由卡地亞研發，以花瓣為素材，步驟為：採集花瓣、著色、逐片切割，再依設計圖案鑲貼於薄木片上。

Straw marquetry
Marqueterie en paille
Strohmarketerie 秸稈鑲嵌

首先要選品質、韌度皆佳，且有光澤度的秸稈，如麥稈，將其割開用骨製棍輾平，再用特製細木鋸切開，最後拼鑲成細膩的圖案。拼鑲時必須留意秸稈的大小和顏色，一方面要緊密排列，同時要利用秸稈色澤架構圖案層次。

愛馬仕Arceau Plumetis en Eventails腕錶，面盤為秸稈鑲嵌工藝。

Urushi Urushi Urushi 蒔繪

Urushi 意指一種古老的傳統漆藝，其名來自「漆樹」（Urushi），生漆原料是從漆樹一年一次、極少量採集的樹脂中萃取而來。樹脂採集三至五年後再經陳化及加工作業才能成為十分耐用的生漆，生漆原料備好便可逐層上漆，且每一層均極為纖薄。這要求極為嚴謹細膩的工法，惟有多年豐富經驗的資深大師方精諳此道。

蕭邦運用蒔繪技術繪製面盤。

Wood marquetry
Marqueterie en bois
Holzintarsien 細木鑲嵌

鑲木師將細小木片根據設計圖樣，逐一黏貼到錶盤上，以木材色澤建構出圖像。需要使用多種不同的天然木材，如：冬青木、栗木、柳木、紅楓木或胡桃木等。先依照所需顏色、紋理與材質挑選合適的木料，再將木料切割成極小的絲束，接著才能拼湊黏貼。

百達翡麗以細木鑲嵌工藝點綴錶面，運用了不同品種、顏色與紋理的微型木片拼合成細小的畫像。

3D laser engraving
Gravure laser en 3D
3D-Lasergravur 立體雷射彩色雕刻

先是以鈦金屬製成錶背，然後以雷射雕刻圖案，形成浮雕效果，再以雷射技術完成霧面與拋光的表面效果，最後是著色階段；圖案上渲染流暢的色彩是得自雷射產生的氧化作用，而色彩效果則取決於氧化程度。

萬寶龍1858系列Geosphere世界時間零氧腕錶CARBO2限量款1969，錶底蓋以 3D 雷射雕刻白朗峰圖案，呈現立體效果。

INDEX

INDEX